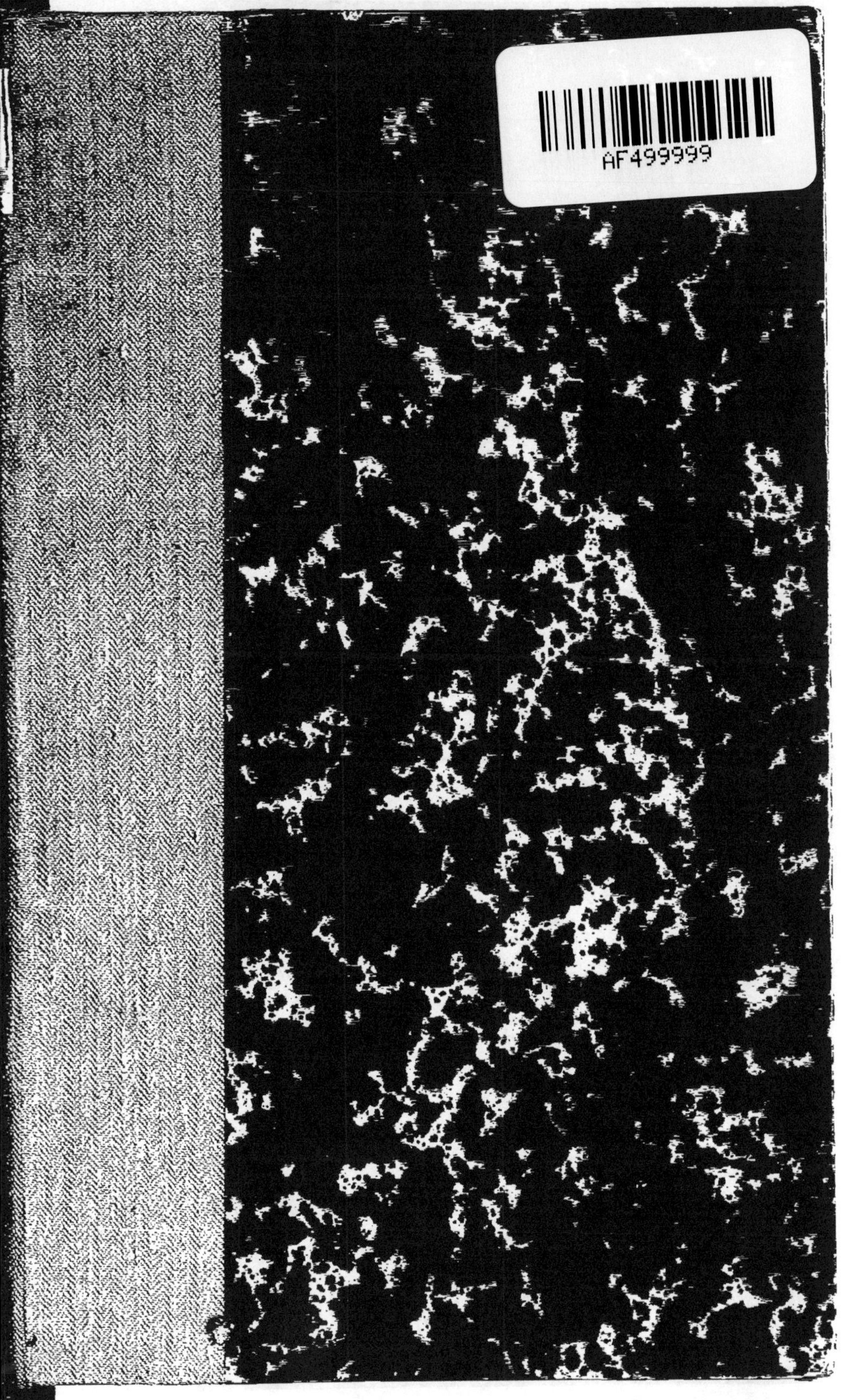

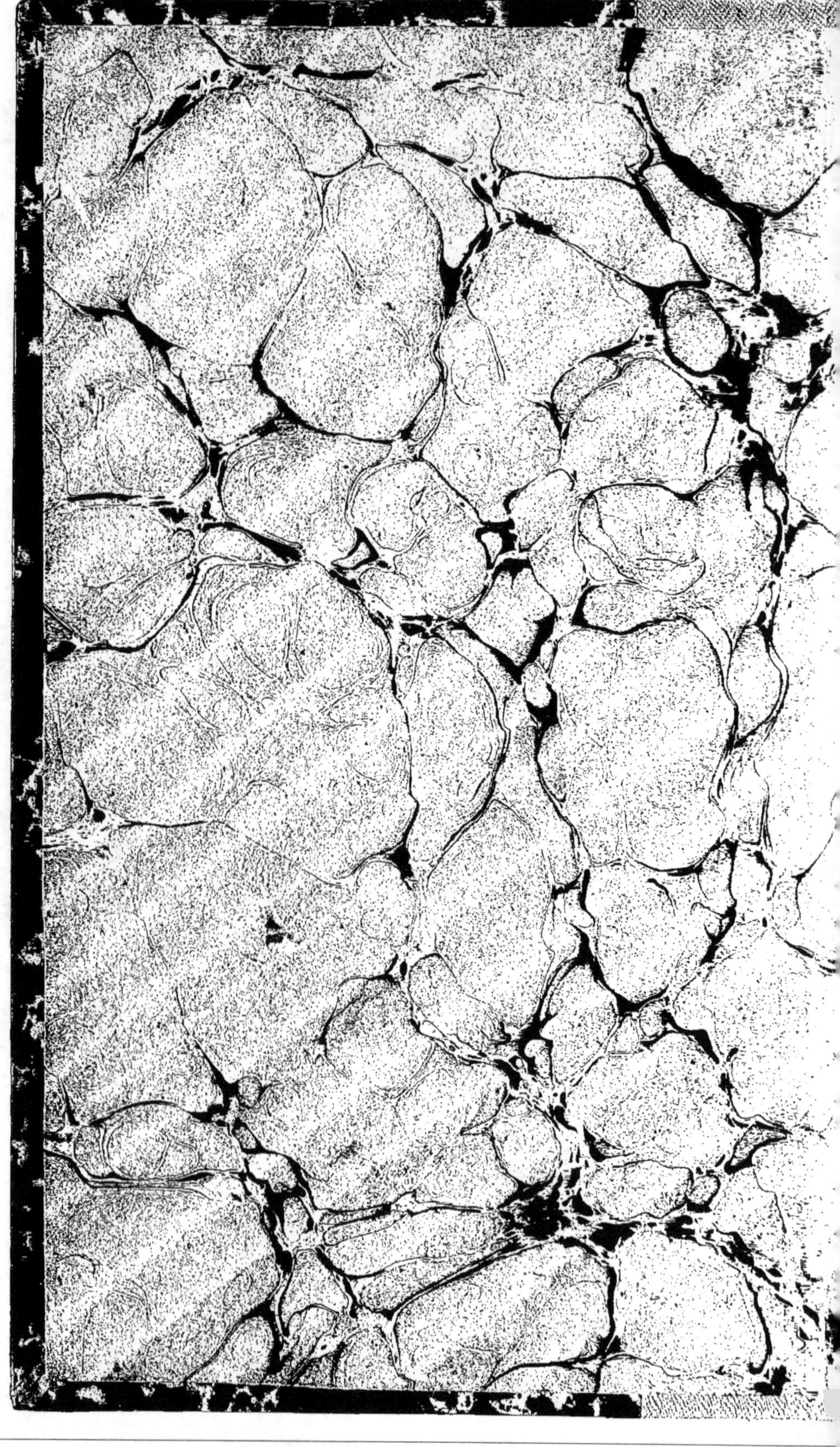

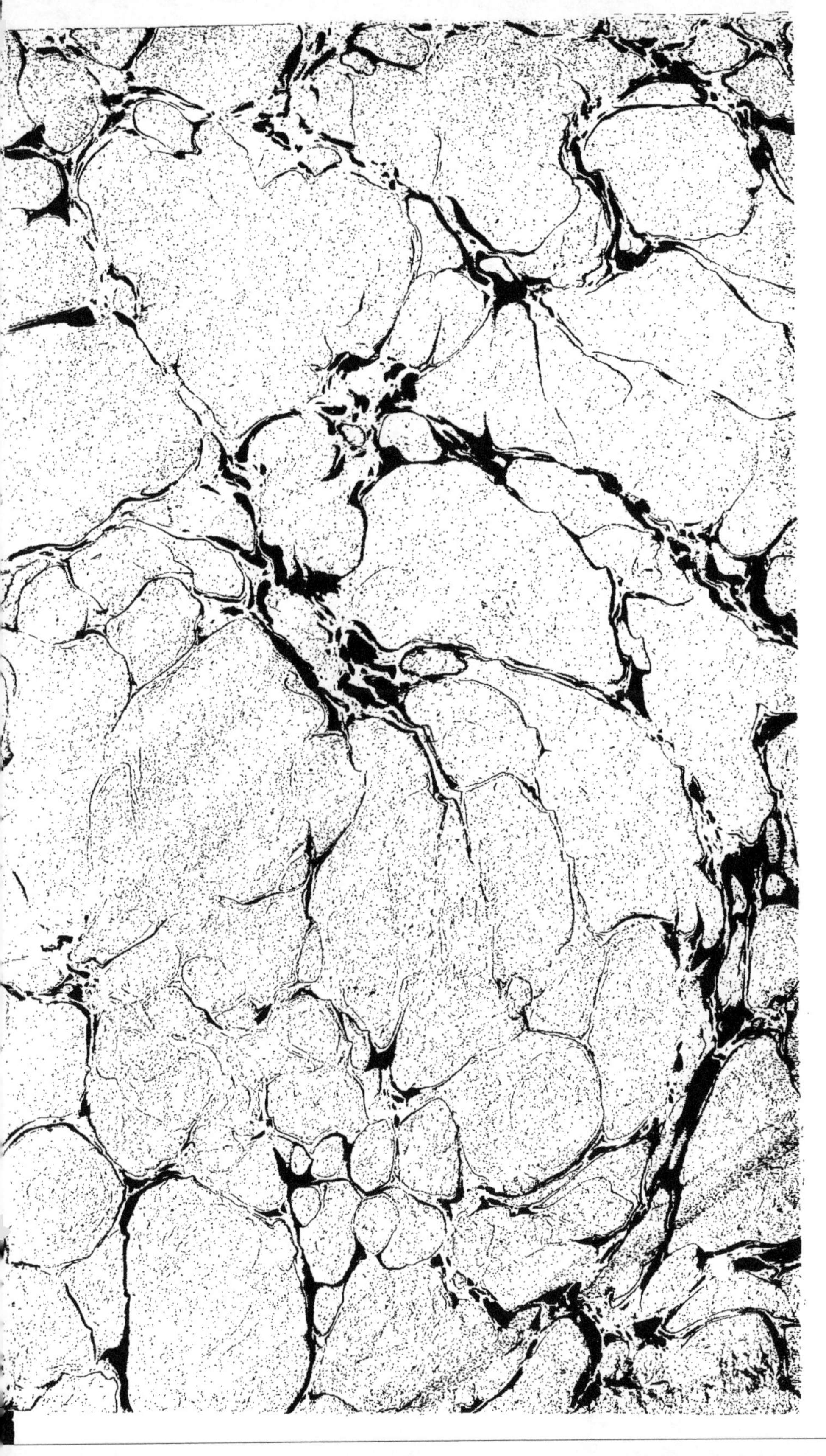

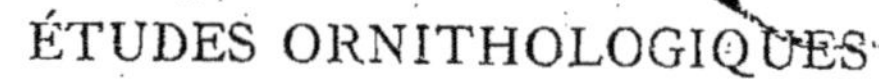

ÉTUDES ORNITHOLOGIQUES

LA

PUISSANCE DE L'AILE

OU

L'OISEAU PRIS AU VOL

CLASSIFICATION ALAIRE, AVEC PLANCHES

PAR

LAURENT DEGREAUX

PRÉCÉDÉE D'UNE

PRÉFACE DE CHARLES PONCY

L'aile, c'est l'âme de l'oiseau.

PARIS
CHEZ GERMER-BAILLIÈRE
LIBRAIRE
17, rue de l'École de Médecine.

MARSEILLE
CHEZ E. CAMOIN
LIBRAIRE
Rue Cannebière, 1.

1871

ÉTUDES ORNITHOLOGIQUES

LA

PUISSANCE DE L'AILE

OU

L'OISEAU PRIS AU VOL

EN VENTE CHEZ L'AUTEUR

RUE CONSOLAT, 126, MARSEILLE.

ÉTUDES ORNITHOLOGIQUES

LA PUISSANCE DE L'AILE

OU

L'OISEAU PRIS AU VOL

CLASSIFICATION ALAIRE, AVEC PLANCHES

PAR

LAURENT DEGREAUX

PRÉCÉDÉE D'UNE

PRÉFACE DE CHARLES PONCY

L'aile, c'est l'âme de l'oiseau.

PARIS
CHEZ GERMER-BAILLIÈRE
LIBRAIRE
17, rue de l'École de Médecine.

MARSEILLE
CHEZ E. CAMOIN
LIBRAIRE
Rue Cannebière, 1.

1871

MARSEILLE — TYP. ET LITH. CAYER ET Ce
Rue Saint-Ferréol, 57.

A

M. A. RABATAU

EX-PRÉSIDENT DU TRIBUNAL DE COMMERCE DE MARSEILLE,

Chevalier de la Légion-d'Honneur.

L'amitié est une affection presque toujours réciproque, qui est innée chez l'homme et qui est nécessaire à son existence. Un homme sans ami est une fleur sans parfum, un arbre sans fruit ; il s'étiole et meurt dans la solitude.

L'amour est un sentiment du cœur qui, bien souvent, s'altère ; l'amitié vraie ne fait que grandir avec le temps.

Vous le savez, rien de plus commun que le nom, mais aussi rien de plus rare qu'un ami sincère ; rien dont on soit plus prodigue que de protestations d'amitié, mais aussi rien qui ne soit plus mal compris de nos jours que l'amitié, cette douce et sainte amitié qui naît en vous sans qu'on s'en doute.

L'amitié, c'est le beau idéal de la fraternité; c'est une des conditions de notre nature. Elle concentre la vie entre deux êtres.

Le cœur de l'homme est ainsi fait qu'il ne peut supporter seul le poids de l'infortune ou le sentiment du bonheur; il lui faut un autre lui-même pour le partager. Ce cœur est soulagé, quand il peut en trouver un autre qui le comprenne et qui reçoive le trop plein qui l'inonde.

« Je crois, dit quelque part Silvio Pellico, que l'amitié, une amitié élevée, celle qui est fondée sur une estime réciproque, est indispensable à l'homme. Elle donne à l'âme ce je ne sais quoi de poétique, de noble, sans lequel elle s'élèverait difficilement au-dessus du terrain fangeux de l'égoïsme. »

« Il n'est pas de liaison plus noble ni plus stable, dit encore Cicéron, que celle qui s'établit entre deux hommes dont les mœurs se ressemblent et qui s'unissent par les liens intimes de la plus pure amitié. »

A vous donc, cher ami, la dédicace de ce faible volume, pour que vous m'aidiez à supporter les regrets dans le cas d'un échec, ou que vous partagiez ma joie, s'il peut être un jour utile à la science.

Les marques non équivoques de sympathie que vous m'avez toujours prodiguées me font espérer que sous votre amical patronage il survivra à la nuit de l'oubli.

Agréez, etc.

L. DEGREAUX.

A

M. LAURENT DEGREAUX

Vous me demandez une préface, mon cher ami, pour votre livre dont je viens de lire le manuscrit.

La mode des préfaces est aussi surannée que celles des manches à gigots de nos grand'mères et des gilets à revers du Directoire. On ne lit pas plus de préfaces aujourd'hui qu'on ne porte des manches à gigots et de gilets à grands revers. Il n'est pas même bien certain qu'on lise encore des livres.

Il ne m'appartient pas de donner mon avis sur ce dernier point. Je serais un juge récusable dans l'espèce, attendu que j'ai moi-même plusieurs volumes sur la conscience et dans la librairie; mais je puis très-bien dire mon opinion sur les préfaces et j'estime que le public a parfaitement raison de n'en plus vouloir. Quand il fait à un ouvrage d'art, quel qu'il soit, l'honneur de le lire, ce qui, je le répète, est une bonne fortune tout au moins fort rare dans ce temps-ci, c'est bien le moins qu'on lui laisse le droit de l'apprécier, qu'on ne déflore pas son impression en lui disant d'avance de quoi il s'agit et ce qu'il faut en penser; enfin, qu'on ne préjuge pas sa sentence à laquelle tout auteur est censé se soumettre du moment qu'il livre son œuvre à la publicité. Bref, le lecteur ne veut plus qu'on juge l'œuvre avant lui, et c'est pourquoi on a supprimé les préfaces, espèces de tambours-majors derrière lesquels on lui faisait docilement emboîter le pas.

Je n'écrirai donc pas de préface pour votre livre, mon cher ami; mais je puis vous dire sincèrement l'impression que sa lecture m'a produite, vous autorisant volontiers à la publier si vous le croyez utile à votre œuvre, laquelle, à mon avis, n'a pas du tout besoin de ce passe-port pour faire son chemin.

J'insiste d'autant plus à cet égard que, le côté scientifique de votre œuvre étant donné, je me trouve radicalement incompétent pour me prononcer avec quelque autorité.

En somme, le but de votre livre est celui-ci :

Le vol étant la faculté prédominante de l'oiseau, et l'aile étant l'organe du vol, substituer, pour l'étude de la grande famille ornithologique, la classification alaire aux classifications que la science a établies jusqu'à présent en prenant à tort, pour base de ses classements, le bec et les pieds de l'oiseau.

C'est bien cela, n'est-ce pas? Votre conclusion ne laisse aucun doute : « L'oiseau, dites-vous, a « reçu du ciel la mobilité en partage. Le don de « l'aile en est la cause première, le principal, « l'unique moteur. Cet appareil inimitable, l'une « des perfections les plus complètes de la création, « doit donc être et sera certainement le point de « mire vers lequel doit viser le naturaliste s'il veut « bien connaître, étudier et classer l'oiseau. »

Personnellement, mon cher ami, je suis d'accord avec vous. Vous n'avez pas eu grand'peine à me convaincre et à m'entraîner. Il est vrai que je ne suis pas savant et que la beauté, la grâce et le charme de l'oiseau m'ont beaucoup plus préoccupé que son organisation. Cependant, il me semble naturel que l'aile étant l'organe qui distingue l'oiseau de tous les autres animaux de la création, ce soit aussi l'aile qui serve de pivot à sa classification. Et la chose me paraît d'autant plus rationnelle qu'en matière d'ichtyologie, la science a pris pour base de la classification des poissons, l'organe également distinctif de ceux-ci, c'est-à-dire la nageoire.

Mais la science, qui devrait être la logique souveraine, est sujette à la défaillance et à l'erreur, comme toutes les facultés de l'homme. De plus, elle a l'orgueil et l'entêtement des systèmes.

Vous jouez donc gros jeu contre elle en voulant, pour la classification des oiseaux, substituer l'aile au bec et aux ongles, car les savants ont bec et ongles aussi pour défendre et soutenir, envers et contre tous, leurs systèmes insoutenables la plupart du temps.

Cependant, — je vous demande pardon de cette remarque que beaucoup d'autres feront sans doute comme moi, — ce côté scientifique de votre œuvre, qui semblait être votre objectif, votre but principal, n'y prend guère que la place d'un accessoire.

Votre donnée étant admise, et les ailes de l'oiseau devenant la voilure de ces gentils navires aériens vivants, vous avez un peu négligé ce point : que tout navire suppose un gouvernail. Ce gouvernail, c'est la queue de l'oiseau naturellement. Vous l'avez indiqué à propos des individus à longue queue, dont le vol s'ondule d'autant plus que l'appendice caudal est plus développé. Néanmoins, le rôle de la queue comme organe dirigeant du vol ne me paraît pas suffisamment étudié par vous.

Du reste, — et je vous en félicite, — je vous trouve moins savant que fin observateur, qu'artiste passionné pour votre sujet. Vous le traitez à la façon de notre cher et spirituel maître Toussenel.

Je ne sache pas que personne ait observé et étudié les oiseaux avec autant de patience, de zèle et d'amour que vous, ni que personne ne les connaisse d'une manière plus complète et plus intime. Vous savez et vous nous dites, dans un style naïf et imagé, attrayant surtout parce qu'il est sans prétention et qu'il est accessible à toutes les intelligences, même *aux plus pauvres d'esprit*; vous nous dites les secrets de la vie des oiseaux, leurs mœurs, leurs goûts, leurs instincts, leurs émigrations, leur organisation et leur anatomie. Que peut-on vous demander de plus? Je sais, grâce à vous, maintenant, comment ces frêles et intrépides voyageurs peuvent accomplir, d'un hémisphère à l'autre, à travers les tempêtes, par dessus les hautes montagnes et les océans, ces miracles de locomotion et de rapidité vertigineuse, où la pensée même se lasse à les suivre.

Les oiseaux sont aimés de tous et ils tiennent une part plus large qu'on ne pense dans la vie de l'homme. Les petits enfants risquent déjà de se casser le cou pour aller les capturer dans leurs nids. Les jeunes amoureux s'enivrent au printemps du chant du rossignol et de la fauvette; les prisonniers rêvent de liberté en regardant les évolutions de l'hirondelle dans l'air; à tout âge, le gourmand recherche le gibier comme un aliment sain et délicat; enfin, la femme qui a subi *des ans l'irrépa-*

rable outrage, la vieille fille surtout à qui les affections humaines ont fait défaut, se fait, dans ses derniers jours, une famille avec la perruche ou le perroquet.

Les oiseaux se retrouvent également partout dans la vie générale de l'humanité, dans la Bible, dans l'histoire, dans les poètes. Les moins sympathiques d'entre eux, les plus décriés, le corbeau, par exemple, peuvent tous revendiquer leur association à nos destinées. Le corbeau fut envoyé le premier en découverte après que « les sources de « l'abîme furent refermées et que la pluie des « cieux eût été retenue. » La *Genèse* s'en explique formellement, chap. VIII, verset 7. Ce n'est point la faute du corbeau, mais bien celle de l'impatience, d'ailleurs légitime, de Noé, s'il ne put poser les pieds nulle part sur la terre encore submergée. Et la colombe, qui, par parenthèse, était un pigeon, (voir ledit verset), le pigeon qui fut « lâché sept « jours après le corbeau », a ravi à celui-ci, grâce à ce retard, le mérite et la gloire de revenir à l'arche avec une feuille d'olivier dans son bec.

Le *Deutéronome* a établi, chap. XIV, versets 10 à 18, deux singulières catégories d'oiseaux : ceux qui *sont nets*, et ceux qui ne *sont point nets*. Je ne les ai jamais bien comprises, surtout quand, parmi ces derniers, en compagnie de la chouette, du chat-huant, de l'orfraie, du pélican, du héron, du hibou et de la chauve-souris, je vois figurer le cygne au plumage immaculé et la huppe, ce gentil oiseau auquel je ne connais pas de goût immonde et qui n'est pas un carnassier, je suppose.

L'*Ecclésiaste,* se fondant sans doute sur ce que les oiseaux ont en général l'ouïe très-fine et que quelques-uns ont même le don de la parole, nous met en garde contre leur indiscrétion. « Ne dis « point de mal du roi, même dans ta pensée; ne « dis point de mal du riche dans ta chambre, car « les oiseaux des cieux en porteraient la voix. »

Il paraît qu'il y a cinq mille ans, tout comme aujourd'hui, il était prudent de se taire à l'égard des puissants de la terre.

L'ibis était un oiseau sacré dans l'antique Egypte qui l'avait divinisé.

Les druides accordaient le don de divination aux oiseaux, ce qui concorde avec le verset précité de l'*Ecclésiaste* : « Ne dis point de mal, *même dans ta pensée.* » Ils consultaient, graves et cruels augures, le vol des cigognes et des grues, comme un oracle du ciel.

Les oies, ces pauvres oies, qui symbolisent la stupidité, ont pourtant sauvé le Capitole.

Les dieux et les saints ont appelé les oiseaux à eux. Dans la *Mythologie,* Minerve porte le hibou sur son casque, Mercure a des ailes au talon et au caducée, et Jupiter se métamorphose en cygne.

Dans le Christianisme, l'aigle devient le compagnon de l'Evangéliste, et le Saint-Esprit apparaît sous la forme d'une colombe.

L'épervier et le faucon ont été les héros des chasses nobles dans le moyen-âge.

Les empereurs et les rois ont choisi l'aigle et même le coq pour emblêmes et les ont perchés sur la hampe des drapeaux qui représentent la patrie.

La Fontaine n'hésite pas à attribuer à l'oiseau plus que l'instinct, c'est-à-dire l'intelligence, faculté que, dans notre vanité, nous nous croyons exclusivement dévolue.

Grandville a caricaturisé, en les personnifiant dans les oiseaux, qui en sont pourtant bien innocents, tous les vices et tous les travers de notre espèce dite *humaine*, ainsi nommée sans doute parce qu'à certains moments elle est la plus féroce de toutes les espèces de la création.

Enfin, qui de nous ne se souvient, avec délices, de cet adorable perroquet que Daniel de Foë associe comme compagnon de solitude et de captivité à l'infortuné Robinson ?

Avez-vous remarqué, du reste, que, à part l'épervier, exception qui confirme la règle, les oiseaux sont les seuls êtres vivants qui ne s'entretuent point ? Si quelques-uns, à l'état privé, ont des instincts féroces à l'égard des leurs, comme les coqs dressés au combat et les faucons dressés à la chasse, ils tiennent ces aimables qualités de l'homme, de l'espèce *humaine* qui les leur a inculquées.

Il faudrait bien plusieurs volumes pour dire le rôle de l'oiseau dans la vie de l'homme et dans la vie des peuples, dans la nature, dans l'histoire, dans la légende et dans la poésie.

Qu'on l'envisage comme emblême gracieux ou guerrier, comme symbole de grâce, de tendresse ou de liberté; comme auxiliaire de l'agriculture, comme mets exquis de nos tables; comme partageant en captivité au foyer la vie de famille, libre ou apprivoisé, l'oiseau, dont l'air est l'élément, qui est un trait d'union vivant entre le ciel et nous, est un des êtres que nous chérissons le plus. Et vous êtes le bien venu à nous parler de lui, surtout en nous en parlant avec autant d'originalité et de *maestria* que vous le faites.

Le succès de votre livre me paraît donc assuré, cher ami. Je souhaite, dans tous les cas, qu'il fasse son chemin dans le monde avec la rapidité du vol du martinet, ce *fin voilier de l'air*, comme vous l'appelez et auquel vous avez consacré un de vos meilleurs chapitres.

CHARLES PONCY.

LES AILES

La locomotive a bouleversé l'espèce humaine; les voyages, aujourd'hui, prennent une grosse part de notre existence. Le riche banquier comme le simple bourgeois se croiraient déshonorés s ils ne disparaissaient de temps à autre pour aller courir le monde. La manie de la locomotion est à l'ordre du jour. Le voyage n'est plus même un souci, comme autrefois; on se met en route du Havre pour Marseille avec l'insouciance d'un simple départ pour la campagne. La vie de famille n'est plus dans le paisible château de nos pères; elle se passe en wagon. Si encore cette noble invention de la vapeur satisfaisait pleinement le voyageur!

On commence à trouver le temps long en chemin de fer ; on ne va plus assez vite. Le *Rapide,* qui va de Paris à Marseille en seize heures, ne l'est plus assez; on bâille, on languit. Il faudrait quelque chose qui doublât la rapidité. Aller, courir même sont presque synonymes d'immobilité. —*Brûler l'espace,* tel est le rêve du jour. C'est un télégraphe électrique emportant la matière comme la pensée, qu'il faudrait inventer. En attendant la réalisation de cette utopie, l'être qui franchit l'espace avec le plus de vélocité est aux yeux de tous le sublime de l'époque. — Le cheval vainqueur de nos courses n'est plus un quadrupède ordinaire; il est de suite hors de prix, et l'homme l'honore, le regarde comme un être supérieur. Le fameux coursier arabe ne doit pas sa réputation à ses formes, qui ne sont rien moins qu'élégantes, mais à la rapidité soutenue de sa course. Le cerf, la gazelle n'échappent à la mort que par la force du jarret. L'élasticité du jarret a été de tout temps un don précieux; de nos jours, c'est une fortune.

Il manque un complément d'invention à

toutes celles du siècle : quelque chose comme un tube ou cylindre remplaçant les rails, avec un piston qui serait le wagon. A l'un des bouts de ce tube une machine pneumatique faisant le vide et aspirant à elle le piston. Le temps de s'asseoir et de se lever. En un mot, il faudrait trouver le moyen d'arriver avant d'être parti ; ou bien (et c'est là le but de cette petite digression fantaisiste) trouver le moyen d'appliquer à l'homme le mécanisme de l'aile de l'oiseau.

« Oh! des ailes ! ! qui me donnera des « ailes! s'écriait Milton l'aveugle, et je mon- « terai si haut, si haut, que je verrai la « lumière. »

Voilà la seule, la vraie locomotion : pas d'arrêt impuissant, point d'entraves matérielles, l'espace sans fin ! l'horizon sans bornes! toujours le ciel et le soleil !

Cette invention merveilleuse que l'homme cherche depuis Icare, Dieu l'a octroyée à l'oiseau avec une prodigalité infinie. Le type le plus parfait de la locomotion et du mouvement, n'est-ce pas l'oiseau ? Le voyage, c'est sa vie ; la vélocité est son plaisir ; l'espace est à lui et l'univers entier est sous son aile.

Notons en passant que, chez lui comme chez l'homme, le respect, la puissance appartiennent à celui qui fait le plus vite son chemin et qui distance les autres. L'oiseau le plus fort, le plus redoutable est celui qui a le bras le plus long. La rapidité du vol constitue sa supériorité. Le plus fort n'est pas du tout souvent le plus grand de taille; l'Autruche fuit dans le désert à la vue du Gypaète, et l'Oie s'alarme avec raison à l'approche du Faucon.

Le bras, c'est l'aile de l'oiseau. Le bras, chez l'homme, est l'un des plus puissants auxiliaires de ses besoins; c'est le principal instrument de sa vitalité. Mais chez l'oiseau, c'est bien autre chose! Le bras, c'est tout. Son corps semble n'être que le complément de ses ailes. Arrachez quelques plumes à l'Hirondelle, elle meurt languissante. Sur les 3,500 espèces environ qui peuplent le globe, 3,450 ne pourraient vivre sans le secours de l'aile. C'est le grand ressort, le plus puissant mécanisme de son existence. Sans le vol, l'oiseau n'existerait pas, car ceux qui plongent et qui ne volent pas font exactement la même manœuvre, seulement dans un milieu plus compacte ou plus résistant.

Les premières vraies plumes qui naissent à l'oiseau, alors qu'il est encore au nid, sont celles des ailes. Dans la famille des oiseaux de haut vol, désignés sous le nom de grands voiliers, tels que Martinets, Hirondelles, Faucons, etc., etc.,— elles croissent, à un moment donné, de plus d'un centimètre par jour. — Le petit est encore tout nu, mais il possède déjà ses ailes. La queue, qui le dirige et le soutient, est beaucoup plus lente à venir et à acquérir sa longueur déterminée : ce qui explique la brièveté du vol des jeunes sortant du nid.

Léger comme une plume. — Cet axiome est plein de vérité ; car, comme légèreté, quelle substance connue peut rivaliser avec la plume. Tout, dans sa composition, dans son essence, concourt à en annihiler le poids. C'est une tige qui a pour base un tube creux, corné, aussi mince que solide, et qui possède des barbes latérales munies elles-mêmes d'autres barbules, qui s'enchâssent entre elles de manière à former un tout résistant. La plume s'insère au corps de l'oiseau au moyen de ce tuyau vide et transparent qui, bien qu'enfermé sous la peau, est en communication avec l'air extérieur.

On distingue deux sortes de plumes : celles qui servent à le couvrir, à le protéger contre le froid, la pluie, et celles qui le soutiennent en l'air pendant l'action du vol. — Ces dernières, plus longues, sont d'une nature plus consistante. Ce sont naturellement les plumes qui forment les ailes et la queue.

Quand parfois cette contexture solide n'existe pas (ajoutons que le cas est rare), l'oiseau est impropre au vol. De ce nombre est l'Autruche, qui rachète cette imperfection par la rapidité de sa course. Le galop d'un cheval arabe est impuissant à la suivre, encore moins à l'atteindre. Les plumes d'autruche présentent une disposition particulière : elles n'ont point de petites barbules, et c'est ce qui les fait friser aisément. Cette particularité constitue la beauté de la plume, si recherchée de nos jours par l'aristocratie féminine.

L'aile se compose du bras, de l'avant-bras et de la main ; cette dernière ne possédant, le plus généralement, que le pouce et deux autres doigts. Elle est attachée au tronc par des muscles qui acquièrent une vigueur extraordinaire, surtout chez les oiseaux habitués à un vol continu. — La longueur de l'avant-bras donne la mesure de la puissance du vol : plus les deux os qui le forment (radius et cubitus) sont allongés relativement à l'os du bras (humérus), plus l'oiseau est fin voilier. — Pas d'exception à cette règle. L'oiseau exotique, qui nous arrive en peau de l'Inde ou de l'Australie, a de suite sa place marquée dans la classification alaire qui nous occupera tout-à-l'heure. — La seule inspection de son avant-bras, sa longueur relative, déterminent incontinent l'ordre qui lui est propre. — Les rémiges ou plumes qui s'y rattachent, étant toujours en corrélation parfaite avec les fonctions qu'elles ont à remplir, on peut connaître, à première vue, si c'est un voyageur intrépide, brûlant l'espace, ou bien un vulgaire promeneur.

Les nombreuses observations que nous avons faites sur ce point, et qui se sont trouvées toujours justes, mathématiques, nous ont poussé à mettre au jour ce volume qui en est la conséquence. Trop heureux que l'une de ces idées, jetées confusément par une main inhabile, pût un jour servir de premier jalon à une classification un peu moins embrouillée que toutes celles qui existent.

Mon Dieu ! depuis vingt ans, que de noms nouveaux, que de genres nouveaux, que de noms dissonnants, aussi difficiles à prononcer qu'à retenir ! L'oiseau, comme le pauvre artiste bohémien, change de nom toutes les fois qu'on le met en scène. Chaque directeur, c'est-à-dire chaque classificateur l'affuble d'un nom nouveau, tourmenté et bizarre, afin probablement qu'on ne le reconnaisse plus. Je connais de pauvres oiseaux, qui n'en peuvent mais, et qui possèdent huit, dix et même douze noms qui leur sont propres.—Si vous les appeliez par l'un de ces noms, empruntés à la pure fantaisie, assurément ils ne vous répondraient pas.

Au lieu de simplifier les rouages, comme dans tout mécanisme qui progresse, on les a tellement multipliés, superposés, qu'ils se nuisent mutuellement et paralysent le travail. Les méthodes de Cuvier, de Linnée, bien qu'entachées d'erreurs, comme nous le verrons tout-à-l'heure, et qui avaient le mérite d'être à peu près claires et surtout françaises, c'est-à-dire avec termes français, ont été délaissées comme ne répondant plus aux exigences du moment.

Je sais que la science ornithologique marche, s'enrichit tous les jours; que les explorations nouvelles amènent de nouvelles découvertes, et qu'il faut classer et donner des noms à ces nouveaux venus ; mais si les parrains leur octroient des prénoms fantaisistes, au moins conservez-leur leurs noms de famille qui ne doivent pas changer. Aussi, qu'arrive-t-il ? c'est que le même oiseau, dans trois ou quatre musées, porte trois ou quatre noms différents.

Je suis étonné que certains auteurs, qui font autorité dans les sciences naturelles, n'aient pas, depuis longtemps, arrêté ce débordement de mots grecs, latins, allemands, et ne se soient pas entendus pour élaguer à jamais toutes ces dénominations vicieuses et ambiguës, et ne conserver qu'un seul nom générique qui fût agréé par les divers muséums de l'Europe.

J'avais besoin dernièrement d'un Aigle royal ou commun (*aquila fulva*) que je demandais à l'un de mes correspondants du Nord. Il me répondit qu'il ne possédait pas d'Aigle fauve ou royal, mais qu'il avait à ma disposition un Chrysætos, ce qui est absolument la même chose. Puisque nous avons sous la main notre Aigle royal, citons, au courant de la plume, les divers noms qui me viennent en mémoire. Il s'appelle *falco fulvus, melanoetos, niger, chrysaëtos,* etc., et si je me donnais la peine de chercher dans les nouvelles classifications, nul doute que ses noms de baptême ne seraient pas finis là; sans compter encore cette fausse détermination synonymique d'Aigle et de Faucon.

Un Faucon n'est pas un Aigle. La série des Faucons est déjà assez nombreuse pour ne pas y joindre encore celle des Aigles. Les caractères alaires sont assez tranchés d'ailleurs pour ne pas les mélanger et les confondre impunément. L'aile du Faucon est taillée en faux; ses premières plumes externes sont plus longues que les autres, et, à ce titre, il rend vingt lieues à l'heure à l'Aigle, qui occupe, avec le Vautour, les derniers rangs de l'ordre des *acutipennes*.

Le Faucon peut faire 65 à 70 lieues, tandis que l'aigle, bien pressé qu'il soit, n'atteint jamais, par heure, qu'une cinquantaine de lieues. Toute la différence gît dans la structure de l'aile et la longueur de l'avant-bras.

Ces diverses dénominations ne sont rien encore, quant au nombre, lorsqu'il s'agit d'oiseaux connus, européens ; mais si nous tombions dans certaines espèces exotiques, dont la place hiérarchique est encore entourée de caractères douteux, c'est là que nous trouverions un dédale, un fouillis de noms divergents qui vous fatiguent et vous laissent dans une bien plus grande obscurité.

LE VOL

On appelle oiseau un animal à deux pieds, ayant des plumes et des ailes. Cette dernière perfection est un don naturel qui lui appartient essentiellement et qui forme une ligne de démarcation bien tranchée avec les autres animaux de la création.

Les mouches, libellules, papillons et divers autres insectes ont aussi des appendices membraneux que l'on décore du nom d'ailes, parce qu'ils servent à les maintenir dans l'air, mais qui ne peuvent supporter aucune comparaison. Ce sont de simples nervures reliées entre elles par un léger cartilage ou membrane le plus souvent transparente, dont la mission est plutôt de porter l'insecte vers la fleur que de le faire voyager.

Après avoir créé les oiseaux, l'Etre Suprême semble avoir voulu leur prouver toute son affection, en donnant le jour à tous ces insectes ailés qui viennent à eux afin qu'ils s'en nourrissent, pour qu'ils trouvent un repas facile, sans quitter le milieu qu'ils habitent. C'est le cas de dire qu'ils n'ont qu'à se baisser pour le prendre. — Il n'en est pas ainsi des autres animaux de la création qui sont obligés de travailler, de chercher ou de combattre pour arriver à vivre.

« .... Je suis oiseau, voyez mes ailes. »

disait la pauvre chauve-souris à ses incrédules détracteurs. — Il paraît qu'à cette heure elle n'est pas encore parvenue à les convaincre, puisque son rang scientifique n'est pas encore bien défintivement déterminé et qu'elle flotte, indécise, au milieu de mammifères carnassiers, elle qui ne se nourrit que d'insectes.

Viendra le jour, espérons-le, où ce brave petit animal sera mieux apprécié scientifiquement et surtout philosophiquement ; car il rend, sans qu'on s'en doute, des services signalés à l'agriculture, en détruisant une grande quantité d'insectes, Lépidoptères nocturnes, Phalènes, Pyrales, etc. — Il a comme les vrais bienfaiteurs de l'humanité qui font le bien sans ostentation. — Il ne veut pas que l'on connaisse ses bonnes œuvres, et pour cela, il commence au crépuscule et travaille quand les autres dorment.

Rendons pourtant justice à qui de droit et avouons que la chauve-souris est un drôle de type assez difficile à classer ; moule bizarre, qui déroute les combinaisons naturelles et dont les membres sont tournés en sens contraire de ceux des autres animaux. — Le talon est en avant, les doigts et ongles en arrière, si bien qu'en suivant toujours ce même ordre d'idées, ses mouvements s'exécutent en sens inverse et sa manière d'être est des plus excentriques. — Accrochée aux aspérités de la voûte des cavernes, elle a conséquemment la tête en bas. — Cette position la gène beaucoup, quand elle veut satisfaire à quelque besoin naturel. Elle décroche alors une de ses pattes, ce qui lui fait perdre la perpendiculaire; elle imprime à son corps un mouvement d'oscillation, et quand ce mouvement la rapproche de l'horizontalité, elle projette alors ses déjections qui, sans ce manége, lui tomberaient sur le nez.

« L'oiseau, dit Toussenel, vit plus dans un temps donné que tous les autres êtres; car vivre ce n'est pas seulement aimer, agir et voyager. » En effet, si l'énergie qu'il déploie est en raison directe de la dépense de ses forces, il est certain qu'il dépense plus de forces que nous, dans le même espace de temps. Car dans ce siècle, où la vie se compte non par les années mais par les myriamètres que l'on a parcourus, l'être qui voit dans un jour ce que d'autres ne voient que dans l'espace d'une semaine, vit, dans le même temps, huit fois plus que ces derniers. L'Hirondelle, qui d'un trait franchit dans un jour la distance qui nous sépare de l'Afrique, a ses heures mieux remplies et vit dans un jour trois fois plus que la Caille qui se repose un premier jour en Sardaigne, un second en Corse et ne nous arrive souvent que le troisième.

Cette force de muscles qui soutient l'oiseau tout un jour dans les airs, sans fatigue apparente, s'explique par ce mécanisme qui lui est propre; car le sang, toujours vivifié par une respiration de chaque seconde, renouvelle à tous moments la vigueur de chaque muscle et donne sans cesse à ces mouvements une nouvelle énergie.

Pour qu'un oiseau puisse s'élever dans les airs, il faut qu'il imprime une pression d'autant plus forte que son corps est plus lourd. Il faut aussi que la surface de ses ailes soit capable d'embrasser une certaine quantité d'air qui puisse lui donner un point d'appui assez résistant pour pouvoir quitter le sol.

Le Martinet, qu'un accident quelconque a fait s'abattre sur nos champs, est incapable de reprendre son vol, à moins qu'il ne trouve une inégalité de terrain. Nos canards sauvages, effarouchés par le chasseur, font plusieurs mètres en rasant la surface des étangs avant de pouvoir prendre leur vol.

La dépense de force que fait l'oiseau pour voler ou se maintenir au vol est assez intéressante à noter : chez lui, la force motrice c'est le coup d'aile. — Plus l'oiseau est petit de corps, plus les coups d'ailes sont multipliés.

Le Colibri donne environ douze coups d'ailes par seconde, l'Hirondelle huit, le Pigeon cinq, les grands oiseaux, Aigles, Vautours, un à deux.

Il est prouvé que la résistance de l'air diminue la chute plus qu'elle ne diminue l'ascension. — Partant de ce principe, on peut à peu près exactement calculer la force qu'un être volant, un Pigeon, par exemple, emploie pour s'élever en l'air. Un savant naturaliste allemand, M. Hansen, a traité mathématiquement la question. Il dit qu'un oiseau, avec des ailes d'une surface de 1/3 de mètre carré, emploie, pour s'élever, une force de 1/60 de cheval de vapeur (1), soit 3/4 de kilog. — En d'autres termes, une force de cheval soulève par un mouvement d'ailes environ 15 kilogrammes.

Le Vautour, avec des ailes de 1m 25c em-

(1) On sait que la force de 1 cheval vapeur est égale à 75 kilos soulevés à 1 mètre du sol à la seconde.

ploierait donc pour s'élever en l'air 1/2 de force de cheval.

Un oiseau *plane*, lorsqu'il se soutient ou navigue dans l'air sur ses ailes étendues, sans qu'il paraisse les remuer. Beaucoup d'oiseaux, surtout ceux de haut vol, usent souvent de cette faculté de glisser dans l'atmosphère sans effort apparent. C'est, croyons-nous, un moyen de faire prendre un instant de repos aux muscles fatigués ; mais le plus souvent l'oiseau plane par manière d'acquit et de passe-temps.

La durée du vol planant est proportionnée à la vitesse qu'il a acquise par les premiers coups d'ailes répétés. Plus la marche est rapide, plus le trajet planant est long; la queue, pleinement ouverte, lui est alors d'un grand secours; elle s'unit aux ailes pour former un parachute naturel. La résistance de l'air inférieur agissant en sens contraire est égale, en ces moments-là, au poids spécifique de l'oiseau. C'est le problème du cerf-volant; c'est encore celui du nageur qui glisse sur l'eau au moyen d'une vitesse acquise et qui se noierait sans doute s'il restait immobile.

Les Goëlands, Faucons, Hirondelles et quelques autres abusent du vol planant ; d'autres, comme les Chouettes, Corbeaux, Pies, ne le prennent que quelques instants avant de se poser. — La Caille, la Perdrix, le Faisan, qui ne font point de longues *remises*, planent souvent dès leur point de départ. — Dans ce cas, l'élan fourni par le jarret est pour beaucoup dans l'impulsion première, et deux ou trois coups d'ailes suffisent pour acquérir la vitesse nécessaire.— Seulement ici, dans l'ordre des Alipennes (oiseaux à ailes rondes, ordinaires), le vol planant est le signe certain du peu de durée de la course. — Les ailes rondes sont un mauvais certificat de vol. Il faut de grands efforts de muscles pour maintenir l'horizontalité dans un trajet un peu long. — L'aile ronde ne coupe pas assez vite une quantité d'air capable de soutenir la masse ; ce qui fait que la Perdrix qui plane descend sensiblement, attirée par la loi naturelle de la pesanteur.

Le Pigeon ramier est l'un des types les plus privilégiés pour la course aérienne. S'il est le plus fin marcheur dans la famille des gallinacés, où il est improprement placé, il le doit à son aile plus finement taillée que celle de ses congénères. Et cependant quand il veut entreprendre un voyage de long cours, il attend que les vents lui soient propices et surtout qu'ils soufflent avec violence. Le chasseur, qui connaît cette prédilection, ne manque jamais, pendant les forts coups de vent d'hiver, d'aller se poster sur quelque coteau élevé pour le tirer au passage.

Tous les oiseaux, les petits surtout, au moment de se poser, arrêtent leur élan par l'immobilité de leurs ailes ouvertes, mais ce n'est point là le vol planant, car la position du corps est alors sensiblement verticale.

Nous avons parlé de la structure et de la composition de la plume; ses formes varient à l'infini. — Chaque genre (on pourrait presque dire chaque espèce) possède des types de plumes qui lui sont propres. Avec un peu d'habitude, il est facile de reconnaître à quel oiseau appartient une plume égarée. — Le diamètre, la longueur, la couleur, vous mettent sur la voie (nous ne parlons, bien entendu, que de celles des ailes et de la queue).

Une plume relativement longue, effilée, appartient à l'avant-bras de l'oiseau. La largeur du bord extérieur est ordinairement le quart du bord interne; ce qui, vu la convexité de la plume, donne le moyen de reconnaître à quelle aile, droite ou gauche, la dite plume est attachée.

Celles du bras (humerus) sont presque aussi larges d'un côté que de l'autre.

Indépendamment de ces deux rangées de plumes, qui composent la partie active de l'aile, cette dernière en possède d'autres qui revètent le dessus du bras et qu'on appelle *couvertures;* nom parfaitement approprié à leur destination; car elles n'ont pour office que de la protéger contre le froid et la pluie. Ces plumes, comme celles dites *scapulaires*, relient l'aile au corps de l'oiseau et se confondent avec celles du dos. Ces dernières, comme toutes les autres, sont égales en grandeur de chaque bord et s'en distinguent par leur contexture plus large, plus courte, et beaucoup moins résistante.

Relativement à la place qu'elles occupent dans la composition de la queue, les plumes nommées *rectrices* sont aussi faciles à reconnaître. Les bords des médianes sont d'égale largeur, et, à mesure qu'elles s'écartent du centre, elles prennent le nom de *latérales*, et le bord externe, gauche et droite, devient de plus en plus étroit. Toutes ces plumes de la queue, le plus ordinairement au nombre de douze, contribuent, avec les ailes, à soutenir ou changer la direction de l'oiseau.

Le corps de l'oiseau est donc le plus parfait modèle de construction pour la navigation aérienne. Tout, chez lui, a été créé pour arriver le plus complètement possible à cet éminent résultat : ses muscles pectoraux sont relativement plus charnus et plus forts que chez tout autre animal; ses poumons plus étendus, munis de réservoirs aériens. Des os vides, et, par conséquent, remplis d'air, qui rendent la masse plus légère; des plumes d'une longueur souvent double et triple du diamètre du corps, qui facilitent l'essor du vol et n'exigent aucune fatigue, aucun effort pour le soutenir; mais tous ces priviléges physiques et exclusifs seraient annihilés s'ils n'étaient complétés par un sens qui domine tous les autres chez l'oiseau : la vue. Le plus ou moins de rapidité du vol est subordonné à l'étendue du rayon visuel. La cécité, la myopie, lui brisent les ailes. La vue est le corollaire obligé du vol, et la vitesse est en raison directe de sa portée. Les oiseaux *grands voiliers* sont doués de cette faculté élevée à sa suprême puissance. En effet, le sens de la vue guide leurs allures et leurs mouvements, et il faut qu'il soit perfectionné de manière à être en rapport avec la rapidité du vol, autrement le premier obstacle, la première inégalité de terrain seraient leur perte.

L'œil de l'oiseau est proportionnellement plus grand que celui de l'homme. Son organisme est plus compliqué et doué d'une sensibilité plus grande, qui lui permet d'apercevoir les objets à des distances considérables. Il est constant qu'un oiseau de proie, volant à des hauteurs inaccessibles à nos yeux, voit distinctement le lézard ou le mulot sortant de son trou.

La vue est donc, chez l'oiseau, le sens le plus délicat, le plus parfait.

Après la vue, vient l'ouïe. Bien que l'appareil de l'oreille soit moins complet que celui de l'œil, il a pourtant un degré de perfection qu'on ne peut nier. L'oiseau ne chanterait pas s'il ne s'entendait chanter. L'appeau, enfermé dans sa cage, entend de très loin la voix de ses congénères qui, du haut des airs, répondent à l'appel du captif.

Le troisième sens, l'odorat, semble n'être le privilége que de quelques rares individus, amateurs de chair putréfiée, tels que Vautours, Corbeaux, etc.

Quant aux deux derniers sens, le goût et le toucher, ils sont, à peu de chose près, inconnus à l'oiseau.

LES

CLASSIFICATIONS PRÉSENTES

Je pose en principe que toutes les classifications du monde n'ont été et ne sont qu'une affaire de prédilection et de pure fantaisie. Je n'en veux pour preuve que l'énumération de toutes celles qui existent et dont les imperfections, palpables et anormales, frappent aux yeux des naturalistes qui ne font que débuter dans la carrière. Il serait inutile et oiseux de les passer en revue et d'en démontrer les contre-sens et les lacunes. Tout homme un peu versé dans ces dédales de nomenclature en perd le fil dès les premiers pas et ne le retrouve qu'avec cette bonne volonté qui s'appelle le feu sacré de la science.

On marche dans ce labyrinthe ténébreux, guidé par le flambeau des maîtres anciens; on suit pas à pas, faute de mieux, le chemin tracé par Cuvier, par Temminck, par Ch. Bonaparte, et si, comme l'ont fait ces grands maîtres, au travers de la seule grande voie que l'on parcourt se trouve un obstacle, une rivière, un fossé, on les saute, on les franchit sans réfléchir à leur largeur. Trop heureux de retrouver au bord opposé de quoi alimenter encore ce feu sacré, cité plus haut. La vraie classification ne se fera d'une manière normale et naturelle que lorsque toutes les créations d'essence identique seront connues et étudiées, et il s'en faut de beaucoup que l'homme soit arrivé, de nos jours, à cette connaissance générale des êtres créés.

D'après nos *géographes*, un quart du globe, et peut-être même un tiers, serait encore tout-à-fait inconnu sous le point de vue des richesses naturelles. Il est probable, je dirai mieux, il est certain que là se trouve l'anneau qui manque à cette chaîne mystérieuse pour former une classification sensée, raisonnable et sans solution de continuité.

Toutes les classifications connues, et

elles sont nombreuses, sont basées sur la forme du bec et des pieds; classifications diffuses, très-souvent défectueuses et qui nous plongent dans un chaos de noms impossibles et innombrables.

Loin de moi la pensée de ternir un moment l'auréole qui entoure des noms comme ceux de G. Cuvier, Geoffroy-Saint-Hilaire, Ch. Bonaparte, ces zélés promoteurs des sciences naturelles, qui, malgré tout, ont fait faire un pas immense à l'ornithologie. Ils ont cru, comme tant d'autres, que le bec et les pieds étaient les seuls caractères dominants chez l'oiseau et ne se sont pas assez préoccupés de l'aile. L'aile peut lutter victorieusement avec ces derniers et devenir le pivot d'une classification qui aura, sans doute, comme les autres, ses imperfections, ses lacunes, mais moins, peut-être, qu'on ne pense.

L'illustre Geoffroy-Saint-Hilaire, ce savant et profond observateur, a pressenti que l'aile pouvait, comme méthode, jouer un rôle important. Il y a même un travail commencé à ce sujet, qui n'en est qu'à ses premières pages et qui n'a pas été entièrement publié, ce que, pour ma part, je regrette énormément. Ces quelques premiers jalons posés par un tel nom auraient été pour moi une fortune et m'auraient singulièrement enhardi dans la tâche toujours difficile et ardue d'une création méthodique.

Ce puissant génie analytique, pour qui toutes les branches de l'histoire naturelle étaient familières, qui s'occupait de toutes en même temps et qui a laissé dans toutes des traces indélébiles de ses vastes capacités, quand il ne les pas assises sur des bases à jamais inébranlables, aura probablement été arrêté par un obstacle contraire à ses plans synthétiques. Malheur irréparable qui nous a privé d'une classification alaire que je crois possible, viable, sérieuse, parce qu'elle repose sur le caractère essentiel de l'oiseau, sur son privilége exclusif : son aile.

Vingt-cinq ans d'études, je pourrais dire de passion permanente, m'ont démontré qu'une telle classification simplifierait grandement cette branche de l'histoire naturelle et élaguerait tous ces genres et sous-genres confus et inutiles, forcément créés pour les besoins de la cause.

Peu nous importe que l'oiseau se nourrisse de chair, de graines ou de vermisseaux; qu'il cherche sa manière de vivre sur terre ou dans l'eau; qu'il ait, pour cela, des ongles crochus ou des pieds palmés, ce sont des détails appropriés à ses mets de prédilection. — L'habitant du Spitzberg, qui se nourrit d'huile de poisson et de graisse d'ours, est un homme comme nous qui préférons la côtelette et le pâté de lièvre.

Dieu a dit à l'oiseau : « Tu auras seul la faculté de parcourir l'espace, et tu en useras selon le plus ou moins de perfection que je mets à la structure de ton aile, puisque tu es le seul être à qui je *veux* bien l'octroyer. Tu seras classé selon tes mérites, c'est-à-dire selon tes moyens locomotifs, et ta place au milieu des tiens correspondra à ta rapidité. » Voilà la classification toute trouvée.

La grande série des poissons qui vivent tous dans un même milieu et qui sont plus ou moins carnivores, herbivores, n'ont pas été classés autrement. C'est d'après leurs nageoires, qui sont leurs ailes, qu'on les a déterminés scientifiquement.

Quel est l'oiseau (je pourrais dire l'animal, l'homme compris bien entendu), qui, pressé par la faim, tenu en captivité, se trouvant enfin dans des circonstances forcées, ne s'accommode pas de tout ce qu'il trouve à sa portée et ne s'engraisse même avec des aliments tout-à-fait opposés à son régime habituel? Les Merles, Grives, Fauvettes, Rossignols, tous oiseaux qui ne sont point carnivores, qui ne se nourrissent que de baies, de vers ou d'insectes, vivent très-bien en cage et de très-longues années, avec de la mie de pain huilée et des morceaux de viande coupés menu.

Par contre, je connais certains Rapaces qui ne s'alimentent que de hannetons, de grillons, de sauterelles, et souvent, faute de mieux, se rabattent sur les fruits. — Le seul Faucon Kobez que j'ai eu la chance de rencontrer sur le marché de Nice (un mâle très-adulte) n'avait que des matières végétales dans son gésier.

Le Flammant, qui, dans les étangs, fait sa nourriture exclusive de petits coquillages, de mollusques, mange avec plaisir le blé trempé dans l'eau. — Le jardin zoologique de Marseille en possédait plusieurs qui, depuis six ou huit ans, étaient en parfaite santé, au moyen de ce farineux anormal.

On n'a, d'ailleurs, qu'à se rendre au bois de Boulogne, pour acquérir la certitude que les trois quarts des espèces qui y vivent ont une nourriture diamétralement opposée à celle que la nature semblait leur avoir assignée et dont la science s'est servie pour baser ses classifications. — Plusieurs espèces s'y reproduisent même, signe certain de parfaite santé.

Je ne parle pas de la grande série réellement omnivore qui part du Corbeau et va jusqu'au Colibri inclusivement, qui comprend presque tous les Gallinacés, une grande partie des Passereaux, des Échassiers et des palmipèdes, et l'on se convaincra facilement si une méthode basée sur le bec, c'est-à-dire sur le genre de nourriture, est capable de guider les premiers pas de l'amateur dans les études ornithologiques. Ajoutons qu'elle ne peut être précise, claire, et qu'à ce titre, elle ne peut prendre rang d'une manière définitive, immuable, à côté de ces productions scientifiques si catégoriquement définies et complètes, qui font la gloire de ce siècle.

Nous avons des becs crochus, pointus, ronds, plats, effilés, carénés, dentelés, comprimés, renflés à la pointe, arqués vers le bas, recourbés vers le haut, convexes, tranchants, ouverts, anguleux, forts, grêles, longs, courts, coniques, triangulaires, etc., etc. — Arrêtons-nous, car tous les adjectifs de la langue française y passeraient. — Il y a encore le bec en croix, en ciseau, en cuiller, en fourreau, en palette, en scie, et tant d'autres qui m'échappent....

En mars 1851, je tuai aux salins d'Hyères, un Cormoran (*Pelecanus carbo*) qui passe sa vie à capturer les anguilles entre deux eaux. — Je trouvai dans son gésier, en le dépouillant, un gros lézard vert qu'il venait probablement d'avaler, ce reptile étant encore à peu près intact. Comme aliment aquatique, il y a loin de l'anguille au lézard.

L'Autruche, qui arpente les sables du désert;

Le Casoar, qui se nourrit de fruits, de

feuilles, de racines, dans les ombreuses forêts de l'Inde ;

L'Outarde, que nous tuons l'hiver dans nos grandes plaines, recherchant les champs d'orge et d'avoine, sont des Échassiers qui n'en sont pas.

Le mot *Échassiers* implique une idée d'oiseaux de rivage, trouvant leur nourriture dans l'eau, ou mieux, au bord de la mer, dans la vase des marais.

Est dans le même cas, l'Œdicnème criard (Poule de Crau) qui vit de limaçons dans les terres sèches et pierreuses et qui semble avoir horreur de l'eau. On prétend qu'il ne boit jamais, ou mieux, qu'on ne l'a jamais vu boire.

Quant à la classification pédiforme (basée sur le pied), elle aurait peut-être le mérite d'être beaucoup plus simple, reposant sur des caractères beaucoup moins nombreux ; mais le pied qui est commun à presque tous les êtres de la création est sujet à erreur comme le bec. Il est, de plus, malheureux que cette classification ne puisse marcher seule et se trouve par sa nature même intimement liée aux diverses péripéties du bec dont elle semble n'être que le corollaire obligé, le support machinal de la tête qui agit.

Je comprends qu'on ait choisi pour certaines branches de l'histoire naturelle le pied comme signe méthodique, faute de mieux et parce que les individus qui en font partie n'ont pas d'autres particularités distinctives; mais, et je ne puis me lasser de le répéter, pour l'oiseau qui possède l'aile, peut-on choisir autre part un point de ralliement plus caractéristique?

J'affirmerais même que la méthode pédiforme donnerait prise à plus d'erreurs palpables, matérielles, que la précédente.

Je regrette, en cela, de ne point partager les idées si gracieusement écrites de l'auteur de l'*Ornithologie passionnelle*, dont les pages entraînantes et parfumées de tout l'esprit gaulois, ont bien souvent excité mon admiration. Il est fâcheux qu'il ne nous ait parlé que des oiseaux de France, partie infinitésimale de l'ornithologie du globe. Nous aurions eu, dans un traité complet, un ouvrage attrayant, aussi brillant de style que profond d'érudition.

Une méthode de classification n'est malheureusement pas un poème, c'est un livre de géométrie où chaque problème s'enchaîne au précédent et doit pouvoir être clairement résolu par tout observateur.

G. Cuvier définit le premier ordre des oiseaux ou Rapaces: animaux carnassiers à becs et serres crochus.

La grande famille des Perroquets, Aras, Loris, Perruches, Cacatoës, plus nombreuse à elle seule que tous les oiseaux de cet ordre, est placée dans l'ordre des GRIMPEURS, par la raison qu'elle possède deux doigts devant, deux doigts derrière; pourtant quel est l'oiseau qui tient mieux que lui ce qu'il prend et qui ait bec et ongles plus crochus?

D'autres auteurs, plus modernes et mieux avisés, en ont fait la tête de ligne de l'ordre. Mais alors que devient cette épithète de carnassiers, puisque les Perroquets ont horreur du sang, n'ont jamais tué personne des leurs, et préfèrent à la viande la graine de chenevis et les biscuits.

Le Grimpereau (*Certhia familiaris*), qui n'appartient pas à l'ordre des Grimpeurs, ne doit son nom qu'à sa passion pour grimper, comme le Pic, au tronc des vieux arbres. « Il ne se perche jamais sur les branches horizontales, dit Lemaôut, et, même en dormant, il garde une position verticale. »

Le Tichodrome-Échelette, ce charmant oiseau de nos pays méridionaux, au corps gris, aux ailes roses, fait mentir, comme le précédent, l'ordre des Grimpeurs. C'est contre les rochers taillés à pic qu'il grimpe pour y chercher sa nourriture.

Par contre, le Torcol, le Coucou, le Toucan, sont des grimpeurs qui ne grimpent jamais.

Le Flammant, déjà nommé, est un Palmipède placé dans les Échassiers.

Dans ce même ordre des Échassiers, qui a pour caractère primordial : pattes longues, jambes élevées, nous trouvons la Bécasse, la Foulque, la Glareole, le Rale de genêt, qui se distinguent par des pattes très-courtes, à côté du Héron, de la Cigogne, de la Grue.

Dans les palmipèdes, oiseaux nageurs par excellence, est placée la Frégate, qui ne nage jamais et dont les pieds sont à peine semi-palmés ; les Hirondelles de mer, Pétrels,

Goëlands, Pailles-en-queue, qui ne font seulement que se reposer sur l'eau.

Quant à l'ordre des Passereaux, que j'ai gardé pour la bonne bouche, si l'on veut en avoir une définition claire et exacte ; si l'on veut étudier les caractères détaillés qui peuvent les faire reconnaître, on n'a qu'à ouvrir la table méthodique de Cuvier : « Les Passereaux, dit-il, sont des oiseaux qui ne sont ni des Rapaces, ni des Échassiers, ni des Nageurs, ni des Gallinacés !!! »

Qui pourrait asseoir des bases caractéristiques sur de pareilles données ? et notez que c'est l'ordre le plus nombreux et le plus intéressant de tous. Je doute que l'on puisse trouver des termes plus vagues, une définition plus vide de sens. En présence de pareils points de repère, il n'est pas étonnant de faire fausse route et même de perdre totalement son chemin.

LA

CLASSIFICATION ALAIRE

Avec la classification alaire, reposant uniquement sur le plus ou moins d'aptitude qu'a l'oiseau pour le vol, point de ces brusques arrêts qui vous paralysent, point de ces fréquentes antithèses qui désespèrent le classificateur.

Certainement nous allons trouver réunis dans le même ordre des genres, des espèces que, dans les musées, nous avons l'habitude de voir très éloignés les uns des autres; et, par contre, d'autres qui seront tout étonnés de se trouver côte-à-côte. A cela je répondrai que toutes les classifications du monde en sont à peu près là, et qu'il suffit souvent du moindre point de similitude pour interner dans une série une espèce qui s'en distance essentiellement.

Sans trop chercher bien loin les exemples, je sais la singulière impression que me firent la baleine, le phoque, le dauphin, dans la même vitrine que le tigre royal, le cerf et le renard, par la seule raison qu'ils sont mammifères.

Nous avons dit que la Chauve-souris était aussi parmi ces derniers.

Dans la même classe se trouve l'Ornithorhinque, ce quadrupède bizarre, qui habite les marais de la Nouvelle-Hollande. J'avoue qu'il a fallu avoir réellement les yeux de la foi pour voir des mamelles chez cet animal aquatique. La nature, qui ne fait rien sans raison, l'aurait pourvu de ces organes sans aucune utilité, puisque les petits, avec leur bec de Canard, se trouvent dans la plus rigoureuse impossibilité d'en faire usage.

Le prince Charles Bonaparte, dont les travaux méthodiques sont considérés de nos jours comme les plus complets, parce qu'ils comprennent le nom et le classement de tous ces oiseaux nouveaux que les explorations récentes nous ont apportés, détruit à tous moments, dans son *Conspectus avium*, l'ordre quelque peu rationnel de la classification ancienne. Peut-on, en effet, fouler aux pieds avec plus d'indifférence les lois naturelles d'assimilation, les rapprochements physiques d'un genre à un autre, en plaçant la famille des Colibris à côté de celle des Engoulevents et des Chouettes? Je m'arrête à ce seul exemple; car s'il fallait citer la confusion, la substitution, le déplacement, le bouleversement qui existent dans cette classification nouvelle, il faudrait la citer en entier; je ne parle pas des noms nouveaux substitués aux anciens, sortes de mots composés de lettres, qu'on peut lire, mais que je défie au linguiste le plus distingué de pouvoir prononcer. C'est tout bonnement déplorable. On dirait que ce classificateur a puisé dans le vocabulaire chinois.

Un oiseau inconnu nous arrive. On comprend facilement qu'il n'ait pas un prénom, un nom d'espèce; qu'on lui en donne un approprié à la localité qu'il habite ou à la couleur de sa robe, c'est très-juste; mais indubitablement il rentre dans une famille, un genre que nous connaissons et qui porte déjà un nom scientifique adopté dans le monde entier. Pourquoi changer ce nom connu pour une désinence barbare et ridicule ?

La science naturelle a cela d'agréable qu'il suffit qu'un nom recommandable lance une idée, émette une opinion, pour qu'elles soient aussitôt admises sans restriction et sans contrôle. Les générations se les transmettent, et, comme après trente ans il y a prescription, elles passent, imprimées, à l'état de dogme et de fait acquis.

L'habitude, cette seconde nature, et ce qu'on appelle la routine, sont très-difficiles à déraciner et à faire disparaître. Il faudra du temps, je le sais, pour remplacer un système acquis par une nouveauté méthodique. Nos maîtres de la science repoussent souvent de grandes innovations qui ébranlent des principes adoptés depuis longtemps. Cependant, lorsque, dans un chaos comme celui où se trouve aujourd'hui l'ornithologie, on peut, sans fausser le bon sens, tracer une voie large, sûre, claire, qui donne la lumière aux divers aboutissants, en élaguant, bien entendu, toutes les branches inutiles, je ne vois pas pourquoi on ne se rendrait pas à l'évidence et l'on n'adopterait pas une théorie pratique, aisée, qui simplifierait considérablement la question.

L'ornithologie a peu d'adeptes, parce que dès les premières pages l'amateur est pris d'un découragement subit, à la vue de ces quinze cents à deux mille genres, dont il faut retenir les noms plus ou moins difficiles. — Cette profusion de noms génériques impose à la mémoire un travail trop fort, qui amène la déception et par suite l'abandon.

Bory de Saint-Vincent, dans un de ses articles publié dans le *Dictionnaire d'histoire naturelle* (t. VIII, p. 251), s'exprime ainsi à ce sujet : « Un seul obstacle pourrait néanmoins aujourd'hui suspendre les progrès de la science que portèrent à un si haut degré de splendeur les illustres professeurs du Muséum de Paris. — La confusion menace de s'y introduire depuis que l'auteur du moindre mémoire prétend établir sa terminologie et d'innombrables divisions imaginées seulement pour trouver l'occasion d'accumuler des noms inusités, la plupart d'une prononciation presque impossible.

« Buffon, dans un discours sublime, avait déjà signalé de tels abus :

« Un inconvénient très-grand, dit-il, c'est « de s'assujétir à des méthodes trop parti- « culières, de vouloir juger de tout par une « seule partie, de réduire la nature à de « petits systèmes qui lui sont étrangers, « et de ses ouvrages immenses, en former « arbitrairement autant d'assemblages dé- « tachés, enfin de rendre, en multipliant « les noms et les représentations, la langue « de la science plus difficile que la science « même. »

« Qu'eût dit ce grand maître au siècle où nous vivons ? Indépendamment d'un déluge de volumes dont très peu contiennent quelques nouveautés, on y imprime annuellement dans le monde plus de cent journaux ou recueils scientifiques qui se composent de trois à quatre mille notices ou articles sur l'histoire naturelle ; on peut calculer que, l'un portant l'autre, dix noms nouveaux, dont la moitié au moins sont de doubles ou de quadruples emplois, apparaissent dans chacun de ces écrits. En un siècle, conséquemment, quatre millions de termes, dont la nécessité ne saurait être démontrée, seront entassés et rebuteront nécessairement les esprits justes. »

Je connais en France et en Italie un assez grand nombre de collections particulières de coquilles, d'insectes, de minéraux. — Il me serait impossible de citer dans l'un ou l'autre de ces deux pays, amis intimes des arts et des sciences, quatre collections d'oiseaux. En France, je n'en connais point de réellement sérieuse ; tout au plus quelques collections d'oiseaux d'Europe, qui semblent être toujours à leur début par le petit nombre d'exemplaires qu'elles possèdent. M. le capitaine Loche en avait une fort belle, mais elle était en peau, ce qui lui ôtait beaucoup de son mérite.

Dans la haute Italie, deux collections présentes sont seules dignes d'être remarquées : celle de M. H. Turati, riche négociant milanais, qui peut lutter victorieusement avec nos premiers musées de villes par le nombre, la beauté des sujets et surtout par la perfection du montage ; — puis celle du marquis Doria, qui en a fait don à sa ville natale. Le municipe de Gênes, en retour de cette gracieuseté, a mis à sa disposition un palais, qui, dans peu de temps, éclipsera la plupart de nos grands musées, par le symétrique arrangement et le choix irréprochable des individus qui le composeront. Ce sera un musée complet, comprenant toutes les branches de l'histoire naturelle, installé dans un local qui, lui-même, sera très intéressant à être visité par la nouveauté de son organisation.

J'attribue cette pénurie d'amateurs à la difficulté première de la science ornithologique, et malgré les débours qu'elle exige, je suis persuadé qu'il se trouverait autant d'ornithologistes que d'amateurs de coquilles et de minéraux, si son étude ne devenait un travail algébrique. La passion ne calcule pas la dépense.

Un oiseau se présente, est-il :

Coureur intrépide,
bon marcheur,
simple promeneur,
ou *paralytique* ?

il ne peut pas sortir de ces quatre dénominations. Voyons son aile :

Si la première ou deuxième plume extérieure est la plus longue, effilée, tandis que les autres vont sensiblement en décroissant, de manière à former un angle aigu, d'une longueur au moins triple de sa base (ailes atteignant ou dépassant les trois quarts de la longueur de la queue), le vol est rapide, le coureur intrépide; indubitablement, il prend rang dans l'ordre des *Acutipennes*.

Sa course est de 50 à 80 lieues à l'heure.

Si les premières pennes extérieures sont encore les plus longues et que l'angle, bien qu'encore aigu soit court (d'une longueur environ double de sa base) : bon marcheur aérien : *Longipennes*.

30 à 50 lieues à l'heure.

Ailes rondes, c'est-à-dire plumes du milieu les plus longues, atteignant ou dépassant à peine la naissance de la queue : vulgaire promeneur, préférant la flânerie pédestre à la course aérienne : *Alipennes*.

Ailes visiblement trop petites pour soutenir la masse, très courtes, rudimentaires, nulles; plumes atrophiées ou sans barbes, cartilagineuses, écailleuses : *Brévipennes*.

Tous les oiseaux du monde sont renfermés dans ces quatre grandes catégories ou bien dans ces quatre ordres, pour ne point changer le nom adopté.

Il est naturel que dans le même ordre, l'aile ira se modifiant, perdant dans chaque genre de son acuité primitive; ce qui nous donnera peu à peu et sans solution de continuité l'entrée aux ordres inférieurs.

Autant que possible, j'ai tenu à conserver les dénominations connues dans les familles et les genres qui ont des habitudes homogènes, en les classant par gradation alaire descendante.

Maintenant, dans le même ordre se trouvent deux fins marcheurs, deux lutteurs d'égale force, mais de mœurs dissidentes, d'appétits différents. Ils commandent chacun leur série respective. Ainsi, dans les palmipèdes, oiseaux de mer, bien que la Frégate soit très-imparfaitement palmée, elle prendra la tête de tous ses congénères.

Il en sera de même du Martinet.

Le Ramier, le plus fin voilier des granivores, sera séparé, par ce fait, de la série des gallinacés, place qu'il n'aurait jamais dû occuper. Le Pigeon n'est pas un gallinacé dans l'acception propre du mot. Il s'en distance à plus d'un titre et a des façons d'agir et de vivre tellement différentes de ces derniers que je suis toujours plus étonné de les voir côte à côte dans les musées.

J'aurais eu beau jeu, si j'avais voulu prendre encore cet exemple, pour jeter une nouvelle pierre dans le jardin broussailleux de la classification actuelle, qui repose sur les caractères *similaires* du bec et du pied. Je n'aurais eu qu'à mettre en parallèle le Paon et la Colombe Tourterelle, tous deux dans le même ordre : le Paon, qui a le bec arqué et le pied armé de l'éperon, la Tourterelle, qui a le bec tendre, droit, renflé à son extrémité et la jambe privée de cet appendice corné.

La seule inspection de la manière de boire aurait dû montrer aux naturalistes que cette famille des Pigeons devait avoir une place à part et ne devait point être confondue avec tous ces pulvérateurs insouciants de leurs femelles. Le ménage des Pigeons, essentiellement monogames, est un exemple de tendresse et de soins mutuels donnés à leur progéniture.

Les Rapaces nocturnes *(Strigidés)* se trouveront nécessairement éloignés des diurnes et prendront rang dans le troisième ordre *(Alipennes, ailes rondes)*. — Cette triste famille dont la puissance du vol est assez difficile à apprécier, ne voyageant que de nuit, n'a aucun droit à suivre les Aigles. — Elle est assez nombreuse, d'ailleurs, ayant des représentants dans toutes les parties du monde et possède des caractères assez tranchés, sous le double rapport de la plume et de la physionomie, pour lui assigner un poste à part, bien déterminé. On peut, sans scrupule, la séparer des Faucons, Aigles, Vautours, avec lesquels elle n'a aucun air de famille, aucun rapport analogique, si ce n'est celui de carnivorie. — Il y a entre eux la même différence qu'entre le jour et la nuit. — Force nous est, d'ailleurs, de répéter que cette similitude de goût pour la chair est sans importance. Cent autres oiseaux, classés très-loin des Rapaces, la partagent avec eux : l'Autruche, le Corbeau, le Colibri sont là pour l'attester.

L'aile du Grand-Duc et des autres nocturnes est taillée sur un moule particulier.

Sa surface est relativement plus grande que chez les autres oiseaux. Les barbes de ses plumes soyeuses étant plus larges, le vol s'en ressent indubitablement comme vitesse, ce qui les distance des Rapaces diurnes, même de l'Aigle et du Vautour, qui arrivent les derniers et ferment la marche de leur série.

Ces plumes à bords larges, à barbes veloutées, constituent ce vol sourd, silencieux, qui leur est particulier.

Le Faucon est à la Chouette ce que le Martinet est à l Engoulevent.

Nous possédons en France, et principalement dans le Midi, un oiseau de mœurs excentriques, de la grosseur d'un Merle, manteau brun, poitrine blanche, ventre roux, appelé Cincle plongeur.

Il a été placé, faute de mieux, dans la tribu des Merles, parce qu'il en a, dit-on, les allures physiques ; mais il en diffère essentiellement par sa manière de vivre. C'est un plongeur de premier mérite, plus fort que le Plongeon lui-même, puisqu'il séjourne et se promène au fond de l'eau avec autant de facilité que s'il était sur terre. —

Il y cherche à son aise sa pâture consistant en vers, mollusques, insectes aquatiques, tournant les cailloux avec son bec, agissant enfin au fond du ruisseau, sous une couche d'eau souvent de plus de 0m50c, comme le Merle en pleine forêt.

L'eau est pour cet oiseau un élément aussi naturel que l'air.

Encore un de ces mille et un problèmes que les savants n'ont pu encore résoudre : Par quel mécanisme particulier cet oiseau se tient-il au fond de l'eau ? Comment y respire-t-il ?

Quelques auteurs, amis du merveilleux et à bout de ressources pour expliquer ces procédés bizarres, ont prétendu qu'il emmagasinait sous ses ailes une certaine quantité d'air dont il se servait pour respirer quand il était au fond de l'eau : détails invraisemblables et de pure invention, puisque les ailes du Cincle sont des ailes de Grives, peu serrées, peu rigides, peu concaves et incapables de remplir cet office.

Ce qui est certain, c'est que le Cincle reste quelque temps sous l'eau.

Le dernier que je tuai, dans un de nos

grands ruisseaux du département du Var, me procura un incident digne de remarque. Je le tirais au moment où il sortait du ruisseau, s'époussetant et séchant ses plumes. Il tomba précisément au milieu de l'eau, peu courante en cet endroit; il flotta et n'alla pas au fond. — Vivant, il s'y promène, il y séjourne; mort, son poids est plus léger que l'eau qu'il déplace et il surnage.

Comme place méthodique, il est inutile de s'appesantir sur celle forcée et insolite que l'on a assignée à cet oiseau. — Il jure de se trouver au milieu des Merles et des Grives qui lui sont antipathiques et qu'il ne fréquente jamais. Amateur de l'eau pure et vive, il n'est pas étonnant qu'il abhorre de pareils confrères, amoureux fous du fruit de la vigne, disons le mot, de pareils ivrognes. Sa place aurait dû être à côté des Rales, et encore mieux, avec les Tournepierres dont il a les habitudes.

Nous avons parlé du vol plus ou moins rapide, du vol planant; l'oiseau possède encore la faculté du vol fixe, qu'il n'effectue que rarement et qui n'est pas de longue durée : l'Hirondelle, qui semble se tenir immobile à quelques centimètres de son nid, sous le toit hospitalier, ne reste pas longtemps dans cette position difficile.

Le Colibri, qui, de son long bec armé de sa longue langue, suce le calice de la fleur, soutient ce vol plus longtemps, parce que la fleur lui donne un léger point d'appui.

Quelques oiseaux sont encore obligés de faire usage du vol fixe, pour donner quelques derniers repas à leurs petits sortis du nid. Il en est de même de l'Alouette et de quelques autres qui affectent une immobilité complète dans les airs.

La queue est alors ouverte en éventail et les ailes opèrent une contraction de bas en haut qui paralyse le mouvement avançant et donne une fixité momentanée.

Reste le vol plus ou moins élevé. Comme cette hauteur du vol de l'oiseau est le complément, le corollaire obligé du cadre de cet ouvrage, nous donnons un aperçu succinct de quelques espèces qui ont le vol le plus élevé en descendant jusqu'à celles qui rasent le sol.

Quant aux oiseaux exotiques, nous n'avons mis dans cette nomenclature que les espèces pour lesquelles nous avons eu des données précises sur la hauteur du vol.

En Europe, c'est l'Aigle qui s'élève le plus haut dans les airs (ne pas confondre voler haut avec voler vite; la hauteur du vol n'est point toujours signe de grande vitesse).

Le Condor, qui habite la chaîne des Andes, s'élève encore bien plus haut que notre Aigle. Il plane au dessus des sommets de ces monts péruviens, aux neiges éternelles, et de là se lance dans la plaine, pour chercher à satisfaire son vorace appétit. — Si l'on considère que la Cordillère des Andes a déjà une hauteur de sept mille mètres, on peut se faire une idée de celle du vol du Condor.

C'est le plus gros des oiseaux de proie. Son envergure mesure dix à douze pieds (1);

(1) Le grand *Dictionnaire de l'Académie française*, édité par Smitz, donne au Condor 25 pieds d'envergure, ce qui prouve une fois de plus que l'académicien, comme le pâtissier, est sujet à faire des brioches; et cependant s'il est un livre qui ne doive pas mentir, et sur lequel on doive se fier, c'est le *Dictionnaire de l'Académie française*, rédigé par l'essence de tout ce qu'il y a de plus savant en France.

ses ailes sont presque aussi longues que sa queue. On dit que dans une demi-heure, dans un seul repas, il se charge de faire disparaître une brebis entière, moins les gros os. — Je crois le fait un peu exagéré; réduisons la brebis à son agneau, et ce sera encore bien joli.

Une remarque à faire, c'est que plus l'oiseau est gros de corps, plus il vole haut. Nous en avons expliqué la raison. On peut donc, à quelques exceptions près, dire que la hauteur du vol de l'oiseau est en raison directe de son volume et de son poids.

Cette remarque s'applique, bien entendu, aux oiseaux pourvus d'ailes *actives*.

L'Autruche, le Casoar, quelques palmipèdes impropres au vol, sont en dehors de cette règle générale.

TABLEAU SYNOPTIQUE

DES OISEAUX QUI S'ÉLÈVENT LE PLUS HAUT DANS LES AIRS,

PAR GRADATION DESCENDANTE.

Condors.	Hérons.
Frégates (1).	Cigognes.
Aigles.	Canards.
Vautours (2).	Albatros.
Faucons.	Vanneaux.
Milans.	Pigeons.
Eperviers.	Alouettes.
Martinets (3).	Bécassines.
Hirondelles de mer (4).	Corbeaux.
Hirondelles.	Etourneaux.
Grues.	Foulques.

(1) Dont le vol en hauteur est difficile à apprécier, mais qui certainement est plus élevé que celui des Aigles.

(2) Et parmi eux surtout le Gypaète.

(3) Sa place serait après la Frégate, et même avant, si ce qu'on assure était vraiment authentique : s'il allait la nuit coucher dans la nue.

(4) Et parmi elles, surtout, le Phaëton ou Paille-en-queue.

Pies.	Pics.
Coucous.	Chouettes.
Rolliers.	Pies-grièches.
Perroquets.	Huppes.
Pluviers.	Durs-becs.
Merles.	Perdrix.
Flammants.	Becs-fins.
Cailles.	Colibris.
Bécasses.	Mésanges.
Ibis.	Grèbes.
Faisans.	Traquets.
Rales.	Martins-pêcheurs.

Avant d'aborder le tableau synoptique de la classification alaire, je suis bien aise d'avertir mes bienveillants lecteurs que, pour l'étude de l'aile des oiseaux exotiques, je ne me suis servi que de peaux, la plupart tirées de ma collection (j'ai bien eu l'occasion d'étudier quelques oiseaux exotiques en vie, mais c'est le petit nombre). Il n'y aurait donc rien d'étonnant que des erreurs involontaires se fussent glissées dans le canevas graduel de ma nomenclature.

J'accueillerai avec plaisir les diverses observations que l'on voudra bien me soumettre.

Ayant possédé la plus grande partie des oiseaux connus jusqu'à ce jour, j'ai examiné attentivement l'aile de chacun d'eux et je crois avoir fait un travail sinon irréprochable, du moins consciencieux. Trop heureux, ainsi que je l'ai déjà dit, que cette idée première, modestement développée ici, pût concourir à édifier un monument digne de cette partie scientifique, la plus intéressante à mon avis, de toutes celles qui composent le grand cadre de l'histoire naturelle.

Cet ouvrage n'ayant pour but que la recherche du plus ou moins de rapidité que possède l'oiseau dans le vol, donnons un aperçu de quelques genres qui tiennent la corde dans ce *steeple-chase* aérien.

LE MARTINET

C'est le type le plus complet, le plus parfait de la rapidité aérienne. C'est l'*express* de toutes ces locomotives vivantes qui sillonnent l'atmosphère, — l'être qui ne connaît point de distance ; pouvant, à son gré, déjeuner en Angleterre et dîner sur l'Atlas en Afrique. S'il voulait s'en donner la peine, il pourrait faire le tour du monde en quatre ou cinq jours.

Sans cesse sur son aile et brûlant l'espace, il marche d'un train de quatre-vingts lieues à l'heure.

Il semble être toujours pressé d'arriver au bout de l'immensité sans fin.

Après avoir, tout le jour, sans faiblir une seconde, sillonné l'espace et parcouru le monde de cette course vertigineuse que nous lui connaissons, savez-vous où et comment il se repose la nuit? Écoutez un auteur, un observateur digne de foi :

« Vers la fin de juin, dit M. Gerbes, après qu'ils ont bien tourné, selon leur coutume, autour d'un clocher ou d'un autre édifice, on les voit s'élever à des hauteurs plus qu'ordinaires et toujours en poussant des cris aigus. Divisés par petites bandes de quinze à vingt, ils disparaissent bientôt totalement. Ce fait arrive chaque soir régulièrement vingt minutes environ après le coucher du soleil, et ce n'est que le lendemain, après qu'il commence à paraître à l'horizon, qu'on voit les Martinets redescendre du haut des airs, non plus par bandes, mais dispersés çà et là. — Avant la ponte, mâles et femelles s'en vont ainsi chaque soir, mais lorsque les soins de la maternité retiennent les femelles dans leur nid, les mâles seuls exécutent ces courses nocturnes. »

Spallanzani dit même que lorsque l'éducation des jeunes est terminée, les Martinets se retirent dans les hautes montagnes, où ils vivent jusqu'à leur départ d'Europe, au sein des airs et sans jamais se poser sur aucun appui.

Sans vouloir révoquer en doute ce détail curieux de mœurs que, malgré de longues heures d'observations, je n'ai pu constater, je le signale sans commentaire; ce que je puis assurer, c'est d'avoir vu un nid de Martinets noirs dont la femelle a constamment fait seule les frais d'incubation et d'alimentation des petits; ce nid n'était autre qu'un nid de Moineaux, à peu près intact, dont elle s'était emparée sous le toit d'une haute maison. — Le mâle se contentait de tournoyer et de venir jeter de temps à autre, pendant le jour, son coup-d'œil paternel, sans jamais y entrer. Le nid était d'ailleurs trop petit pour deux places.

La femelle couvait donc seule constamment. — Où était alors, pendant la nuit, le mâle? Dans la nue? C'est possible.

Les Martinets nous arrivent en mai, quelques jours après les Hirondelles.

Tous les écrivains et poètes du monde ont décrit et chanté l'Hirondelle; je craindrais donc, dans mon langage modeste et prosaïque, de jeter une ombre sur les tableaux pleins de vérité qui ont immortalisé ce type charmant des navigateurs de l'air.

Inutile donc de parler de ses mœurs patriarcales, de sa fidélité à revenir sous le toit hospitalier, remerciant, par ses cris, le paysan, son vieil ami, d'avoir respecté sa petite demeure. L'Hirondelle a la reconnaissance du cœur. Elle possède d'ailleurs tous les dons heureux qui font faire le bien par intuition et sans arrière-pensée. Habillée de noir et de blanc, on dirait que c'est sur elle que la sœur de charité a calqué son costume; comme cette dernière, elle en a toutes les vertus, et sa vie n'est qu'un long bienfait.

Les dons physiques ne lui manquent pas non plus; cousine-germaine du Martinet, *elle tire de famille*, et peut faire 72 à 75 lieues à l'heure (1).

(1) Voir à l'article : *De l'Intelligence chez les oiseaux*, une expérience concluante sur la rapidité de sa course.

LA FRÉGATE

Lutteur digne en tous points du précédent, la Frégate est à la mer ce que le Martinet est à la terre : même type d'ailes, même longueur de plumes relatives (même quantité de *rémiges* ou plumes de l'avant-bras).

C'est le chef de file des oiseaux aquatiques, comme le Martinet est le chef de file des oiseaux terrestres. Planant sans cesse sur l'immensité des mers, on dirait que la Frégate se laisse porter par les vents. Quand la vague en fureur agite et bouleverse l'Océan, quand l'orage gronde, calme et tranquille au-dessus des nuages, elle promène son insouciance et s'endort sur la tempête.

Des officiers de marine m'ont assuré avoir rencontré la Frégate en mer à des distances de trois à quatre cents lieues de toute terre.

Confiant dans sa force et dédaignant les moyens vulgaires qu'emploient les autres coureurs de la mer pour pourvoir à leur nourriture, ce rapace des flots, au bec crochu comme le Vautour, ne quitte pas les hautes régions pour venir piquer le poisson imprudent. La Frégate se sert d'un pauvre diable de domestique qui fait la besogne pour elle.

Les Fous (*Sula*) sont en grand nombre dans les parages qu'elle habite. Quand du haut des nues elle s'aperçoit que l'un d'eux vient de saisir une proie digne d'elle, comme l'éclair elle tombe sur lui, le prend à la gorge, le serre, l'étrangle au point de lui faire vomir le poisson qu'il vient de prendre, et, avant que ce dernier soit retombé à l'eau, elle le happe au passage. — Puis, par un coup d'aile qui lui est propre, elle remonte dans sa couche aérienne faire en paix sa digestion.

Ainsi qu'au Martinet, une course continue de qnatre-vingts lieues à l'heure ne lui pèse nullement. Avec un corps gros comme un

Col-vert, elle possède des ailes de dix pieds d'envergure.

Queue fourchue, à plumes extérieures très longues; plumage noir, varié de blanc sous la gorge, bec rougeâtre; habite les régions tropicales.

LE FAUCON

Le Faucon est le type le mieux réussi, le plus élégant des navigateurs de l'air. On peut dire qu'il a tout pour plaire et dominer. A l'harmonie des formes, il unit un courage et une audace remarquables. Chacun connaît le rôle important qu'il a joué jadis dans la chasse de haut-vol. L'ancienne fauconnerie mettait à contribution son intelligence pour cette récréation aristocratique. Le Gerfaut était celui de tous les Faucons qui était le plus estimé.

Il a l'aile taillée en faux, ainsi que le dit son nom, le meilleur certificat de vitesse et d'agilité, et ne cède le pas, en Europe, qu'au Martinet.

Je suis encore forcé de m'arrêter un instant pour demander, à qui de droit, la différence qui existe entre le Faucon Gerfaut du Groënland et celui d'Islande. On en a fait deux espèces distinctes, l'une sous le nom de *Falco candicans,* l'autre sous celui de *Falco Islandicus.* La taille, le port, la manière d'être, la couleur du plumage sont les mêmes. Tous deux, dans l'âge adulte, tournent au blanc plus ou moins pur sous le corps; quelques taches *marron,* en forme de larmes, qui se voient plutôt chez l'un que chez l'autre, ont été le prétexte de la création de ces deux espèces. Subtilité d'esprit fantaisiste qui ne vise à rien moins qu'à multiplier indéfiniment le nombre des espèces. — Ces deux oiseaux, dans l'âge semi-adulte, sont parfaitement identiques, et si des causes *climatériques* ou la vieillesse font blanchir l'un plus que l'autre, s'ensuit-il qu'ils ne sont pas frères? Mais, alors, combien devons-nous faire d'espèces de la Chouette Arfang qui, dans quelques années, passe du plumage brun au blanc pur? Il en sera de même des Buzards Montagu, qui, du roux brun, arrivent à posséder une robe blanche ardoisée.

Il en sera de même de nos Chevaliers combattants, de l'Aigle Bonelli, des Cathartes percnoptères, des Faucons Kobez, des Tétras lagopèdes et de cent autres individus qui, en vieillissant, prennent chaque année des livrées différentes.

Quelle utilité peut avoir pour la science cette manie furieuse d'inventer des noms pour des espèces identiques? Quel but croit-on atteindre en créant un nom nouveau pour une plume diversement colorée? On arrive à la confusion, au chaos le plus épouvantable.

Je demanderai encore, à qui de droit, ce qu'on entend par les variétés de l'espèce, qui, chez les oiseaux surtout, sont si nombreuses?

Je demanderai quelle est la limite qui sépare l'espèce de la variété? C'est à n'y plus rien comprendre et à jeter, comme on dit, le manche après la cognée....

Nous avons tous lu (et je l'ai moi-même raconté textuellement dans un de mes premiers articles sur le vol) qu'un Faucon de Henri II, parti de Fontainebleau à la poursuite d'une Outarde, fut pris le lendemain à

Malte. Ce trait, que l'on cite comme un exemple de rapidité, n'a rien d'extraordinaire. En effet, pour peu que l'on fût en hiver, et cela est probable, cette chasse se faisant à cette époque, le Faucon aurait pu, dans l'espace d'une nuit, aller à Malte, revenir et y retourner encore. — Ensuite ce mot : « à la poursuite d'une Outarde, » ferait croire qu'il a poursuivi l'Outarde jusqu'à Malte ou à peu près; quand, dès la première heure, il aurait pu l'atteindre.

Malte n'est distant de Fontainebleau que de trois cents lieues environ. Le Faucon, avec une vitesse moyenne et soutenue, pouvant faire soixante-dix lieues à l'heure, aurait pu très bien se trouver à Malte quatre heures après son départ de Fontainebleau; tandis que l'Outarde, même en sentant le Faucon à ses trousses et la peur lui donnant des ailes, n'aurait pu arriver tout au plus qu'à une vitesse de trente à trente-cinq lieues.

Je n'ai jamais bien compris pourquoi quelques nations, notamment la France, avaient pris l'Aigle comme symbole héraldique, de préférence au Faucon, ce noble type de race pure.

L'Aigle personnifie toutes les basses passions de l'humanité : sanguinaire par instinct, il est vorace par habitude ; il tue pour tuer. Farouche et peu sociable, il se complaît dans la plus entière solitude ; à peine souffre-t-il auprès de lui sa femelle.

Il vole haut, très haut, c'est vrai, mais par la raison toute simple qu'il ne peut voler bas, son aile, très ordinaire, demandant beaucoup d'air inférieur pour soutenir la masse. Soixante lieues à l'heure, c'est le maximum de sa course ; encore faut-il qu'il ne sorte pas d'un dîner copieux ou que les vents ne lui soient point contraires.

Plusieurs naturalistes ont fait deux divisions des oiseaux de proie. La première, qui comprend les Faucons, est appelée noble ; la seconde, Aigles, Vautours, ignoble.

Le Faucon a toutes les belles qualités contraires aux vices que l'on reproche à l'Aigle. Le Faucon valait donc bien mieux comme emblème national.

Il est possible que l'Aigle symbolise des vertus politiques qui sont inconnues à de simples naturalistes comme moi. Je le désire sincèrement, afin de rehausser à mes yeux les quelques mérites que peut posséder cet oiseau.

On peut m'objecter qu'il a succédé à un autre type qui valait encore moins que lui... Triste personnage, en effet, que ce Coq gaulois, ne vivant que pour l'amour, le far-niente et la bombance. Lâche batailleur, qui fuit et donne l'alarme à la vue de l'Épervier, trois fois plus petit que lui ; bon à rien enfin, pas même après sa mort, car il fournit un rôti à peu près détestable.

Que peut-on attendre d'ailleurs d'un oiseau tellement asservi, terrassé par la captivité, qu'il n'est pas capable de prendre cinq secondes de liberté, c'est-à-dire de faire un vol de cinq mètres. La domesticité a paralysé ses ailes, car il en a ; mais elles ne lui servent que pour éventer ses femelles et leur faire comprendre ses désirs amoureux.

Si je ne connaissais le type primitif, qui vit encore à l'état sauvage dans les forêts de l'Inde (Coq Bankiva) et qui vole très bien, j'aurais placé, sans remords, le Coq domestique à la tête du quatrième ordre (ordre des *Brévipennes*).

LE COLIBRI

Le Colibri, ou Oiseau-mouche, est taillé, sauf le bec, comme le Martinet. C'est le même moule d'ailes vu par le gros bout de la lorgnette.

Voilier infatigable, il est tout le jour sur son aile; butinant autour des fleurs, il en pompe le miel et saisit les petits insectes qui s'y trouvent; allant de l'une à l'autre, sans jamais se reposer, et disparaissant comme un trait au moindre bruit.

Courageux, querelleurs, irascibles, les Oiseaux-mouches se poursuivent avec une rapidité incroyable. Ils se livrent entre eux des combats acharnés de plusieurs heures. L'Oiseau-mouche, c'est le mouvement perpétuel.

Cette famille nombreuse est celle qui renferme les plus petits êtres emplumés de la création. Le corps du Huppe-col n'est pas plus gros qu'un Cétoine ordinaire. Son œuf est comme un petit pois. Il en faudrait huit mille trois cents environ pour égaler le volume d'un œuf d'Autruche.

Ces fleurs animées, qu'on n'a pu encore conserver en cage, parce que l'absence du mouvement les fait périr, brillent des plus vives couleurs. Dieu semble avoir épuisé sur eux tous les trésors de sa munificence. Toutes les couleurs du prisme solaire sont représentées avec un éclat qui fait pâlir celui des émeraudes, des rubis, des topazes. L'irisement, le scintillement de ces couleurs métalliques font le désespoir du peintre qui, jusqu'à ce jour, n'a pu arriver à cette perfection de coloris éblouissant.

Les Péruviens leur donnent le nom de *Cheveux du Soleil.*

Cette robe à reflets étincelants, que les Colibris partagent d'ailleurs avec plusieurs oiseaux de la zone tropicale, notamment avec les Paradisiers, a été de tout temps l'objet de recherches scientifiques. L'explication exacte est encore le secret de la nature.

Le soleil, ce principe de vie et de beauté, doit exercer une certaine influence sur le manteau de l'oiseau comme sur les pétales de la fleur. Ce sont, en effet, les plumes extérieures, exposées à la lumière, qui sont dotées de ces couleurs métalliques à reflets chatoyants, tandis que celles qui ne sont point exposées à l'action du jour ou du soleil sont constamment ternes et sans coloration.

Serait-ce une sécrétion particulière des plumes, produite par l'essence même de l'oiseau qui les possède et qui serait due à la partie active du sang et à l'arrangement moléculaire des barbes?

D'autres prétendent que chaque plume et même que chacune de ses barbules sont autant de réflecteurs merveilleux qui, suivant l'angle d'incidence sous lequel tombe la lumière, décomposent ce fluide et renvoient alternativement plusieurs de ses rayons colorés.

Toutes suppositions purement hypothétiques qui sont loin de contenter et de satisfaire l'observateur judicieux, et n'éclairent nullement la question.

La plus grande portion des femelles Colibris, chez lesquelles coule le même sang du mâle, sont d'un plumage plus terne, plus terreux que celui de nos oiseaux d'Europe. D'autre part, nous trouvons dans la haute Asie, contrée plus tempérée et même plus froide que la France, à cause de l'altitude topographique, des oiseaux dont les vives couleurs ne le cèdent en rien à celles des Oiseaux-mouches. Le Lophophore et tous ces beaux Faisans, découverts et décrits nouvellement, habitent les hauteurs des monts Hymalaya et les froides contrées du nord de l'Inde.

Beaucoup d'autres exemples contradictoires viennent au bout de notre plume; mais ils s'écartent du sujet principal que nous traitons. Nous en réservons les détails pour un article spécial.

La nature a des secrets que la science ne parviendra jamais à pénétrer.

Notons en passant que le Colibri est l'un des plus parfaits modèles de tendresse conjugale. Il n'y a que la mort qui soit capable, comme chez l'Hirondelle, de briser leur pacte amoureux.

Les noms de Colibri ou d'Oiseau-mouche ont été donnés à ces charmantes créatures, selon que leur bec est droit ou qu'il est arqué ; distinction insignifiante et tout-à-fait inutile, qui démontre toujours la fureur des savants de diviser et de subdiviser.

Voilà des oiseaux qui ont mêmes habitudes, mêmes mœurs, mêmes manières de se nourrir, même plumage, même grosseur, même vitesse, qui sont enfin de tous points identiques. Chez les uns, le bec est droit ; chez les autres, il est arqué ; cela suffit aux savants pour avoir le prétexte de mettre notre intelligence à la torture et d'inventer deux dénominations. C'est vouloir faire de l'esprit en pure perte.

Remarquons que beaucoup de Colibris ont le bec dont la courbe est tellement peu sensible que l'on hésite encore pour savoir dans quel genre on doit les caser...

Attendons-nous à voir quelque jour chez nous deux espèces d'homme : celle au nez camard, l'autre au nez aquilin.

LE CANARD

Encore un voyageur intrépide qui se déplace à propos de rien et fait deux à trois cents lieues par mesure hygiénique; un moule privilégié qui possède les avantages bien marqués des trois genres de locomotion : il marche, vole et nage bien. On pourrait même ajouter que c'est un excellent plongeur.

A l'abri de leur manteau imperméable et molletonneux, les Canards ne craignent point le froid. — Ils semblent, au contraire, être plus gais et mieux portants sous une basse température.

Une remarque digne d'intérêt pour le naturaliste, c'est la petitesse de son aile, relativement à son corps. Comparée à celle d'un oiseau de même volume, de même poids de corps, elle est visiblement plus étroite. L'aile d'une Buse, par exemple, qui pèse à peu près le poids d'un Colvert, a une superficie deux et trois fois plus grande.

Il faut une puissance de muscles, un travail considérable pour que cette aile exiguë puisse soutenir la masse; aussi, le Canard, quand il entreprend un voyage de long-cours, vole dans les hautes régions, pour que la colonne d'air soit plus épaisse, et il ne plane jamais que quelques secondes avant de se poser. Il n'est pas rare, quand on est, la nuit, à l'affût, d'entendre le sifflement de ses ailes. L'air est *propulsé* avec une grande violence. Je me rappelle, un soir, aux salins d'Hyères, avoir reçu comme un coup de mistral dans la figure produit par un *flot* de Canards passant à plusieurs mètres au dessus de ma tête.

J'ai dit, dans un autre article, que les Canards y voyaient aussi bien la nuit que le jour. Des expériences répétées m'ont amené à ne point en douter. D'ailleurs, la nature ne fait rien à demi; elle ne ferait pas voyager de nuit un animal, sans lui donner le moyen de se conduire et de savoir où il va.

Le Canard est de tous les oiseaux et même de tous les êtres celui qui a le sang le plus chaud. Le chasseur qui ne le tue pas du coup, a souvent beaucoup de peine à s'en emparer. Quoique mortellement blessé, il court, plonge, paraît et replonge encore par l'effet de cette énergie, de cette vitalité que lui donne la grande chaleur de son sang. Le Canard a la vie dure ; nos cuisinières le savent bien ; elles ne saignent pas un Canard domestique, parce qu'elles savent que son agonie est trop longue et qu'il s'agite, se débat trop longtemps après. Elles le décapitent; et si, dans cet état, elles le laissent aller, il a encore la force de faire plusieurs mètres de chemin.

Tuez un Poulet et un Canard en même temps, le Poulet sera froid avant que le Canard ait perdu la moitié de sa chaleur.

Les Canards arrivent dans nos étangs du Midi, vers la fin d'octobre. Ils émigrent des mers du Nord et font une première étape dans les marais du Zuyderzée en

Hollande. Il est à peu près certain que de là ils nous viennent directement en moins d'une nuit, puisque nous les trouvons aux premières heures du matin. C'est donc une course de soixante à soixante-cinq lieues à l'heure qu'on peut leur allouer.

Nous disons qu'il est à peu près certain qu'ils ne s'arrêtent pas dans le trajet. Il a été constaté, en effet, qu'une bande un peu nombreuse de Canards n'aime à se poser qu'au milieu d'un grand lac ou d'un étang. Très défiants de leur nature, ils préfèrent voir la terre de loin. — Ceux que l'on trouve dans nos fleuves et nos cours d'eau sont des voyageurs égarés, des traînards, arrière-gardes de leur régiment qu'ils n'ont pu suivre par une cause quelconque et qui, alors, multiplient les étapes. Mais on ne les trouve jamais en grande compagnie.

Le Canard sauvage n'aime pas l'eau trop courante, dans laquelle il lui est difficile de trouver et de saisir les mollusques et les fucus qui sont la base de sa nourriture.

En arrachant une plume de l'aile d'un Canard, on distingue aisément s'il est jeune ou vieux. Dans le premier cas, le tube creux (le canon) est mou et sanguinolent ; dans le second, le tube est dur et sec.

Les jeunes Canards sauvages se nomment *Halbrans*.

L'ALOUETTE

Charmant oiseau qui possède toutes nos sympathies ; amie du soleil et du laboureur, l'Alouette lui tient compagnie dans les vastes plaines solitaires et réjouit le voyageur sur les grandes routes par ses *tirelires* répétées.

Après le Rossignol, qui chante toute la nuit, c'est l'Alouette qui, la première, annonce le lever de l'aurore, et qui trahit sa joie, non-seulement par ses chansons, mais encore par des circonvolutions aériennes qui lui sont particulières. Elle monte perpendiculairement, comme une fusée, à des hauteurs qui la dérobent à nos yeux, puis se laisse entraîner rapidement par sa pesanteur jusqu'à quelques mètres du sol.

L'Alouette nage et plonge avec ivresse dans les premiers rayons du soleil levant.

Quel est le chasseur qui n'a entendu la *Coquillade* chanter dans le ciel, sans pouvoir la distinguer ? C'est de tous les oiseaux d'Europe celui qui chante le plus haut dans les airs. Les autres crient, elle chante.

Aimant à planer dans la nue, toujours en gazouillant, elle semble se plaire aux ardeurs brûlantes de notre soleil méridional. Alors que les autres oiseaux cherchent l'ombre et la fraîcheur, elle arpente les sillons et les grands chemins, en plein midi, par une température tropicale.

L'Alouette a l'aile puissante. Dans son ordre, c'est un coureur rapide qui a toujours l'air d'être pressé. Il m'a été donné de constater d'une manière précise qu'elle fait son kilomètre en vingt secondes, ce qui met à son avoir quarante-cinq lieues à l'heure.

Plusieurs espèces sont sédentaires dans nos départements du Midi. Celles-ci ne sont point accessibles à l'attrait du miroir. Il n'y a que les voyageuses qui, descendant en automne du Nord, contrées déshéritées, privées de soleil, croient le voir dans tout ce qui brille, et viennent se mettre au bout du fusil de celui qui leur fait luire un morceau de verre.

Pourquoi nos premiers maîtres de la science n'ont-ils pas conservé aux autres oiseaux des noms caractéristiques comme celui de l'Alouette, qui veut dire Louanges à Dieu (*Laudare Deum*)? N'était-il pas plus naturel d'assigner à l'oiseau un nom qui nous le fît presque connaître avant de l'avoir vu, par une de ces particularités distinctives?

Quelques noms génériques, appropriés à la manière d'être, de vivre, au plumage, à quelque propriété intrinsèque, inhérente à l'oiseau, ont survécu, comme par miracle, à ce cataclysme, à ce 93 ornithologique.

Ainsi nous aimons à voir encore figurer dans le tableau méthodique les noms de:

Huppe (Upupa), Coucou, Couroucou, Tourterelle (Turtur), etc.	Par onomatopée.

Oiseau-mouche,
Torcol,
Lyre,
Spatule,
Manchot,
Bec-en-ciseau,
Chardonneret,
Gobe-mouche,

Selon leurs propriétés caractéristiques.

et plusieurs autres sans doute qui ne me viennent pas en mémoire.

Mais que signifient ces noms, pris au hasard, de :

Buse,
Autour,
Tétras,
Jabiru,
Tantale,
Tyran,
Goulin,
Etourneau,
Troupiales, etc., etc.

(Je m'attache à ne citer ici que des noms anciens, connus, ne voulant pas rentrer dans les dénominations nouvelles des derniers ouvrages ornithologiques, ce qui nous entraînerait bien trop loin.)

Si encore le nom latin ou grec rachetait la nullité du nom français par une métaphore qui nous donnât l'idée de l'oiseau, ce ne serait que demi-mal. Quelques-uns de ces noms résistent encore, malgré la guerre acharnée que leur ont faite les derniers savants ornithologues. Nous trouvons encore en effet :

Phœnicoptère,
Euphone,
Musophage,
Calyptomène,
Gymnocéphale,
Céphaloptère,
Aptérix, etc., etc.;

mais il faut espérer qu'ils seront bientôt engloutis dans le gouffre commun et remplacés par des mots extraordinaires et fantaisistes, comme n'étant plus à la hauteur progressiste du siècle.

Ainsi que je l'ai dit, cette question de noms patronymiques, que je ne puis qu'effleurer ici, offrirait matière à plus d'un gros volume. C'est une idée à traiter *in extenso,* mais dont le développement serait déplacé dans le travail présent.

Je me permets de soumettre toutes ces observations préliminaires à M. Mylne-Edwards, ce prince de la science, qui occupe dignement aujourd'hui la place si honorée de feu Geoffroy-Saint-Hilaire. — Puisqu'il a en mains les rênes du char ornithologique, je le prie, au nom de nous tous, naturalistes inconnus mais fervents, de ne point admettre sur les registres de leur état-civil des oiseaux dont les noms bâtards n'ont qne le mérite de faire oublier celui de la famille à laquelle ils appartiennent.

C'est aux cahiers d'histoire naturelle de M. Mylne-Edwards, si clairs et si attrayants, que nous devons tous les premières notions de la science. Je sais, pour ma part, que ce sont eux qui m'ont mis au cœur cette passion pour l'oiseau, qui n'a fait que grandir avec l'âge.

LE COUCOU

Est-ce par harmonie imitative, à cause de son chant toujours composé de ces deux mots, ou bien de ses habitudes anti-sociales, que cet oiseau à mœurs dépravées porte ce nom ? Il est probable que l'on connaissait son chant avant de connaître ses mœurs étranges et vicieuses.

La femelle qui s'accouple avec le premier Coucou venu qu'elle rencontre sur sa route, le dédaigne et l'abandonne après sa passion assouvie. Elle va ensuite cacher sa faute, c'est-à-dire son œuf, dans un endroit isolé. Fruit d'un simple caprice, cet œuf n'a point de nid. Elle le pond sur la terre ; puis, l'emportant dans son large gosier, elle va le déposer furtivement dans le nid de la Fauvette ou du Rouge-gorge. — Quand elle croit avoir sauvé les apparences et que la fraude a passé inaperçue; quand elle est sûre que la nouvelle nourrice soigne et réchauffe cet intrus comme ses petits, elle s'en va, insouciante, à la recherche d'un nouveau galant.

Grand amateur de chenilles, le Coucou les délaisse au printemps pour s'emparer des nids de petits oiseaux non encore éclos, dont il détruit souvent la couvée entière. — Il arrive donc que la marâtre, avant de déposer son œuf dans le nid de la Fauvette, a le soin de manger ceux qu'elle y trouve, comme paiement anticipé des mois de nourrice de son enfant. Dans le cas contraire, celui-ci, beaucoup plus fort que ses frères nourriciers, ne se fera aucun scrupule de les précipiter du nid, chute toujours mortelle, pour en être le seul possesseur et engloutir ainsi la pâture destinée à toute la couvée.

Le nombre d'oiseaux que détruit le Coucou à la saison des nids est incalculable. A ce sujet, je me suis quelquefois demandé le verdict que rendrait le tribunal en présence d'un chasseur surpris par un gendarme, en temps prohibé, au moment où il viendrait de tuer un Coucou.

Si, dans les règles ordinaires, pendant la fermeture de la chasse, le chasseur est condamné à trois cents francs d'amende et six jours de prison pour avoir manqué un Merle ou une Perdrix, il faudrait, pour être logique, que le tribunal allouât au chasseur qui tuerait un Coucou trois cents francs de gratification et condamnât le gendarme à six jours de prison, pour lui avoir indûment dressé procès-verbal.

La loi sur la prohibition de la chasse a été faite pour donner le temps à l'oiseau de pouvoir tranquillement se multiplier. — Les représentants de la loi devraient alors récompenser ceux qui détruisent non-seulement des agitateurs, mais encore des meurtriers tels que le Coucou.

Je crains bien, malheureusement, que nos vénérables juges ne connaissent pas la vie désordonnée du Coucou et le service que le chasseur rend à l'agriculture et à l'humanité, en les débarrassant de ce séducteur vicieux qui ne recule pas devant l'assassinat et qui porte sans cesse le déshonneur dans les familles de ses confrères. Toujours est-il que je ne m'exposerais pas à courir les chances d'un tel jugement, et qu'attendu que le Coucou est à l'ordre du jour et que, par ses manières aristocratiques et la fraîcheur de son costume, il est l'ornement des nouveaux ménages, je risquerais fort de voir doubler ma condamnation, pour avoir ravi à la nature un être qui symbolise les mœurs de la société actuelle.

Le Coucou est assez bien armé pour la course; son aile est taillée en pointe, et, à l'encontre de celle du Canard, semble être trop grosse pour l'oiseau qu'elle supporte. Sa queue est aussi démesurément longue. On voit que le travail n'est pas dans ses habitudes et que, comme nos élégantes du jour, les soins donnés à la famille n'ont jamais détérioré sa robe. Aussi court-il le monde, sans se préoccuper de l'avenir.

Il commande à juste titre la famille des *Grimpeurs*, qui sont tous assez bien organisés pour le vol; seulement, ainsi que nous l'avons déjà fait remarquer, il ne grimpe jamais.

Il fournirait assurément une course kilométrique très convenable, si l'on pouvait la dénombrer sérieusement ; mais un grain de paresse qui ne pouvait manquer de s'unir aux autres vices qu'il possède, lui fait faire à tous moments des stations sur les grands arbres qu'il rencontre et qu'il ne quitte que pour aller vagabonder un peu plus loin. — Aussi cette race a-t-elle peu d'amis dans le monde des oiseaux. Elle vit solitaire, honnie et repoussée de tous, passant son temps à répéter aux échos des vallons son chant dyssyllabique, ennuyeux et monotone.

LE MOINEAU DOMESTIQUE

Le Moineau franc ou domestique est de tous les êtres ailés celui qui se trouve en plus grand nombre dans l'ancien continent ; il est partout, dans les villes, les bourgs et les campagnes. Quelques-uns émigrent en automne pour revenir au printemps ; mais la famille est si nombreuse que cette disparition momentanée est insensible. La plus grande partie est sédentaire.

Il serait superflu d'en faire la description. C'est, de tous les oiseaux, le plus connu, le plus commun et le moins considéré moralement et physiquement. Familier jusqu'à l'effronterie, bavard à l'excès, défiant et rusé comme personne, il fait perdre patience au gamin qui lui tend des piéges et semble le narguer en sautillant autour de l'appât, sans jamais s'y laisser prendre. Il se plaît au milieu du tumulte des villes et sait très bien qu'il n'a rien à craindre quand il descend *picorer* dans nos rues.

On a de tout temps agité la question de savoir si le Moineau et les autres granivores étaient nuisibles à l'agriculture. Dernièrement encore cette question est revenue sur le tapis avec une ardeur qui semblait promettre une solution radicale, définitive; puis, comme cela arrive toujours quand il s'agit de hautes questions qui intéressent l'humanité, les opinions se sont divisées, le calme s'est fait, et il y a beaucoup à parier que de longtemps on n'en parlera plus.

Le Moineau est grand amateur de grains; il affectionne le blé qui est la base principale de sa nourriture, comme de la nôtre, et ceux qui préfèrent l'air pur et la liberté des champs au séjour méphitique des villes, en font, à l'époque des moissons, une consommation qui paraît être prodigieuse aux yeux des intéressés. — En ce moment-là, le préjudice est réel et ne peut être contesté.

Un économiste qui habite nos départements méridionaux a calculé (je ne sais trop comment) qu'un vingtième de la récolte était absorbé, chaque année, par les granivores : Moineaux, Pinsons, Perdreaux, etc. Mais ce calcul, s'il s'approche de la vérité, doit être regardé, selon nous, comme une perte infiniment petite, presque illusoire, comparée à celle, autrement forte, que ferait l'agriculteur si le Moineau n'existait pas.

La récolte du blé dure une quinzaine de jours; après quoi il est mis en grenier, à l'abri de la voracité du Moineau. Mais quelle est donc sa nourriture avant et après la récolte, surtout avant la récolte, pendant l'hiver? Faute de grains, il est obligé de se rabattre sur les larves d'insectes, les vers blancs, qui sont les véritables destructeurs des récoltes. Ils dévorent l'épi futur en corrodant sa racine et font le désespoir du laboureur en compromettant le plus souvent une grande partie des produits de son champ.

Le mal que fait le ver blanc doit certainement quintupler la dîme que prélève le Moineau domestique (1).

Il fut un temps, en Italie, où la tête du Moineau franc fut mise à prix. — On lui déclara une guerre d'extermination qui fut couronnée d'un plein succès. — Mais on s'aperçut bientôt que les récoltes étaient encore plus mauvaises que par le passé. On en chercha la cause, qui fut facile à trouver, à la vue de tous ces destructeurs que la charrue déterrait et qui s'étaient multipliés d'une manière effrayante. — Vite on rappela le Moineau et le Gouvernement récompensa même par des primes sa réintégration.

Il n'est pas un paysan en Italie qui, bâtissant une maison, ne laisse sous le toit, des trous pour la nidification des Moineaux.

Laissons donc vivre le *Pierrot*. Comme tous les autres petits oiseaux, il a sa mission à remplir, qui est plutôt bienfaisante que

(1) Dans un rapport de M. de Quatrefages, il est dit qu'un couple de Moineaux porte à ses petits 4,300 chenilles ou scarabées par semaine, ce qui donne un chiffre approximatif de 600 par jour. Une Mésange en consomme aussi 300 par jour.

nuisible. Et s'il mange un peu de notre grain, nous nous vengeons de ce larcin en le mangeant lui-même, bien que, comme tous les Becs-durs ou Fringilles, ce ne soit point un mets recherché.

Pourquoi ce nom de Fringille au lieu de *Passer* qui est son vrai nom latin! Nos paysans sont plus forts que beaucoup d'érudits, ils l'appellent *Passéroun*.

On a fait une autre espèce d'un Moineau franc italien, qu'on appelle à cause de cela *Hispaniolensis* (1), et qui au lieu d'être une espèce n'est pas même une variété bien caractérisée : des couleurs un peu plus accentuées, un peu plus développées, voilà tout. — Influence de climat.

Vif, alerte, le Moineau, qui n'est jamais trop chargé de graisse, vole bien et peut lutter de vitesse avec tous ses congénères, excepté avec le Friquet qui est la vivacité même. — Le Friquet, un peu plus petit, est le Moineau à l'état purement sauvage. On

(1) Plusieurs personnes dignes de foi m'ont assuré que le Moineau dit *Espagnol* est très commun à Naples, en Sicile.

l'appelle chez nous *lou Fè* (du mot latin *ferus*, sauvage).

La longévité du Moineau a été depuis longtemps remarquée. Il n'est pas rare de voir des Moineaux et des Chardonnerets vivre en cage de douze à quatorze ans.

LA CAILLE

La Caille arrive dans nos départements méridionaux vers la fin août. Quelques-unes prennent leurs quartiers d'hiver dans les plaines voisines de la Méditerranée ; mais le nombre en est très limité, car la Caille est essentiellement voyageuse. Elle connaît les derniers confins de l'Europe et de l'Afrique qu'elle visite régulièrement ; et comme ces voyages sont pour elle parties de plaisir, elle y prend un embonpoint qui est presque toujours sa perte. « Dieu a voulu qu'il en fût ainsi, dit Toussenel, pour que chaque contrée de la terre eût sa part de cette manne céleste qu'il fait pleuvoir indifféremment sur les continents et les îles, sur les déserts brûlants et les vertes prairies. »

La Caille, n'ayant que la fuite pour se dérober au danger, il est inutile de dire ici à combien de vicissitudes l'expose la délicatesse de sa chair. Aussi ne voyage-t-elle que de nuit, se repose le jour à l'ombre de nos vignes, y prend ses ébats, frappant de l'aile la poussière de la terre, comme pour retremper ses forces épuisées.

Cet oiseau a l'aile bien taillée pour la marche; un joli modèle qui compterait parmi les bons coureurs, s'il n'était attaché à un corps lourd, toujours chargé de graisse, qui détruit ainsi les proportions naturelles et rend la locomotion pénible pour un trajet de longue haleine.

La Caille traverse pourtant la Méditerranée, et comme son vol est toujours direct ou en ligne droite, si son point de départ n'est pas combiné de manière à trouver sur sa route une de ces îles qui sont la providence du voyageur fatigué, elle est obligée d'opérer la traversée tout d'un trait. Quelques-unes y arrivent; mais elles sont exténuées et le premier cap est le leur. C'est alors qu'on peut les prendre avec la main.

Beaucoup s'abattent sur le pont des navires qu'elles rencontrent sur leur route. Il semble alors qu'un instant de repos leur rende leurs forces perdues, car elles reprennent bientôt leur course avec une nouvelle ardeur.

Une grande partie, épuisée, à bout de forces, tombe à la mer et y est la proie des gros poissons, surtout des squales.

C'est ici que finit l'histoire et que commence le roman : des marins assurent avoir vu sur la mer de longues files de Cailles, l'aile relevée du côté du vent et faisant voile vers les rives de France.

Sans vouloir ici rechercher si ce moyen de locomotion est vraiment praticable, si, comme une voile latine, la Caille peut se servir de son aile et naviguer vers un point donné, quelle que soit la direction du vent, tout indique que le fait est plus que douteux, car il est physiquement impossible qu'elle puisse relever son aile perpendiculairement à son corps.

Tableau charmant s'il était vrai ou plutôt vraisemblable et qui n'obtiendra jamais créance auprès du naturaliste observateur.

La Caille qui tombe à la mer est perdue.

Ou elle coule et se noie par son propre poids, augmenté de celui de ses plumes mouillées; ou elle est happée instantanément par ces mille corsaires des eaux, toujours affamés, jamais assouvis, qui ne lui donnent certes pas le temps de larguer la voile. Un vent contraire, un mistral impétueux, une trop grande chaleur paralysent ses moyens et sont la cause de cet arrêt forcé. — On ne saurait se faire une idée de l'énorme quantité de Cailles qui périssent ainsi victimes de l'amour immodéré des voyages. Et cependant, la Caille, dans des circonstances normales, pourrait très bien effectuer la traversée en cinq ou six heures, en ne lui accordant que vingt-cinq lieues à l'heure à cause de la longueur de la route. Une Caille adulte et dans des conditions ordinaires peut faire plus que ce trajet-là.

Le mâle se reconnaît à une tache noire allongée qu'il a sous la gorge.

LA BÉCASSE

La Bécasse, comme la Caille, a le vol puissant et traverse aussi la Méditerranée.

Quand elle arrive chez nous, en novembre, elle y stationne tant que les grands froids n'ont pas congelé les lieux humides qu'elle affectionne. Elle plonge son long bec dans la terre argileuse, dans la vase des bas-fonds des prairies, et, par une délicatesse de tact qui lui est particulière, elle sent le ver s'agiter et l'engloutit avec avidité.

La Bécasse, qui voyage de nuit, toujours comme la Caille, a aussi l'aile bien taillée, même plus en harmonie avec la grosseur du corps et pourrait devancer cette dernière à la course; mais toujours affamée, elle voyage à petites journées et s'arrête partout où elle trouve à assouvir son appétit. Aussi, quand elle rencontre un bout de prairie fécond en vermisseaux, elle ne quitte sa place qu'à son corps défendant et y revient matin et soir. Elle mangerait toute la journée, si, par instinct, elle ne cherchait, pendant le jour, à se mettre à l'abri de ses ennemis.

Ce travers ne l'empêche pas de parcourir le monde et de faire de plus lointains voyages que la Caille. On la voit en Amérique, en Afrique aussi bien qu'en Europe.

Très solitaire et d'un naturel farouche et peureux, la Bécasse, par sa physionomie stupide, rentre dans la grande catégorie des oiseaux qui ne sont bons qu'à manger ou à être mangés. Il est vrai qu'elle fait oublier toutes ses imperfections, quand elle s'offre à vous, cuite à point, au sortir de la broche. — Généreuse après sa mort, elle donne tout ce qu'elle a, même son cœur, étalé sur le pain rôti qui l'entoure. La Bécasse a comme la maison d'un vieil usurier : le dedans vaut mieux que le dehors.

Ridiculement placée dans l'ordre des

Echassiers ; comme la plupart d'entre eux, elle ne perche pas.

La Caille, la Perdrix et plusieurs autres Gallinacés ne perchent pas non plus.

Dans l'ordre des Passereaux (puisqu'il faut forcément accepter cette dénomination), plusieurs espèces d'Alouettes ne perchent pas.

Les Palmipèdes ne perchent point aussi, à part quelques rares exceptions, telles que le Cormoran, quelques Canards exotiques, etc.

Dans l'ordre des Rapaces, il n'est pas sûr que le Serpentaire ou Messager perche.

On peut donc trouver dans cinq ordres sur six des oiseaux qui ne perchent pas. — N'y aurait-il pas là encore un point de départ, pour diviser les oiseaux en deux catégories : les Percheurs et les Terriens, et jeter un peu de jour dans le chaos présent ?

Faire des divisions primordiales, nettes, est autre chose que d'inventer des mots impossibles, qui n'appartiennent à aucune langue. — Une division bien tranchée ne peut jamais nuire à l'éclaircissement du sujet. Ce n'est pas pour rien que la nature a fait ces lignes de démarcation; elle doit avoir eu un but qu'il serait utile de chercher et d'atteindre, non point pour une classification, mais pour trouver des analogies qui doivent nécessairement exister entre sujets ayant des habitudes identiques. Dans les sciences, en général, on ne procède pas autrement.

Je suis loin de vouloir susciter des innovations, mais quand je me vois forcé d'admettre dans l'ordre des *Passereaux* un Cul-blanc, une Fauvette, une Alouette, une Mésange, une Hirondelle, une Huppe, un Guêpier, etc., etc., je le fais avec une répugnance ostensible. Je ne suis pas de l'avis des inventeurs de ce mot, qui s'évertuent depuis longues années à prouver qu'il ne veut rien dire. *Passer* est la traduction latine de notre Moineau et par extension signifie en ornithologie Bec-dur (granivore) en opposition avec Bec-fin (insectivore).

Nos maîtres, en voyant ce mot de Passereaux s'implanter dans la classification, résister au temps et traverser les âges, malgré la flagrante contradiction qui existe entre lui et les oiseaux qu'il désigne, devaient faire comme les *augures* qui étaient chargés d'entretenir les Poulets sacrés de Rome; ils ne devaient plus pouvoir se regarder sans rire.... de la bêtise de leurs adeptes naturalistes.

Une chose m'a toujours étonné, c'est que ces prétendus novateurs n'aient pas, depuis longtemps, créé deux espèces de Bécasses.

Si une plume plus ou moins colorée donne lieu à la création d'une espèce nouvelle, le volume du corps devrait renchérir sur l'espèce et former un genre. Il est certain qu'il y a des Bécasses beaucoup plus grosses que d'autres. La coloration du plumage n'est plus aussi la même; les petites Bécasses ont les bandes plus noirâtres, plus accentuées que les autres.

Serait-ce, comme dans certains autres oiseaux, une distinction de sexe? Je ne le crois pas, parce qu'on rencontre des mâles et des femelles dans les petites comme dans les grosses Bécasses.

Je suis heureux de rendre à César ce qui appartient à César et de mettre à l'avoir de messieurs les ornithologues la réserve qu'ils ont bien voulu s'imposer vis-à-vis de la Bécasse, en n'en faisant point deux espèces.

Je voudrais bien pouvoir en dire autant de la Bécassine double, qui ne diffère absolument que par la taille de la Bécassine ordinaire.

Le fils d'un tambour-major et d'une géante sera incontestablement dans des proportions de taille plus grandes que celui d'un bossu et d une femme petite et maigre; pourtant les deux produits n'en seront pas moins d'essence identique, n'en seront pas moins deux *hommes*.

LA BERGERONNETTE

OU LAVANDIÈRE

Je me suis toujours profondément incliné devant le nom si justement respecté du baron George Cuvier. La science lui est redevable d'une foule d'importantes découvertes, élégamment traitées, habilement mises au jour. Il a su coordonner certaines parties avec cet esprit supérieur que la nature lui avait prodigué. Mais à côté des brillantes qualités qui ont à jamais illustré ce nom, se montre l'imperfection humaine, ce que j'appelle la manie invétérée des savants : avoir la fortune, la gloire de trouver à deux êtres de la même espèce un point quelconque tant soit peu dissemblable, afin d'avoir un prétexte pour les diviser, c'est, à ce qu'il paraît, pour l'homme d'étude, le ***nec plus ultrà***, le sublime, pour passer à la postérité.

Voilà un oiseau charmant, coquet, la Bergeronnette, qui a des frères et des sœurs aussi gracieux qu'elle. La ressemblance est tellement forte, frappante, visiblement identique, que, ne pouvant s'en prendre au plumage, Cuvier a avisé un ongle du pouce un peu plus long chez l'une que chez l'autre, et de suite sont nés deux genres : les Bergeronnettes et les Lavandières !

Le plus curieux en ceci c'est que, depuis Cuvier, des noms illustres se sont fait jour dans la science ornithologique ; mais jamais personne n'a osé porter une main sacrilége sur la distinction futile faite par le grand homme.

En vérité, je ne sais pourquoi je me permets, moi infime commensal, de signaler ces abus, quand d'autres, plus autorisés, non-seulement ne les ont pas abolis, mais encore les consacrent en les perpétuant.

A propos de Bergeronnette, il y aurait ainsi à annihiler un millier de noms et plus, ce qui ne serait pas peu de chose pour la clarté du sujet.

Quoi qu'il en soit, la Bergeronnette ou Lavandière est l'un des oiseaux les plus élégants que nous possédions : constamment au bord du ruisseau, la Bergeronnette jaune anime le paysage par son vol ondulé et les notes cadencées de sa petite voix. Les pieds dans l'eau et la queue en l'air, de peur de la salir, elle est toujours en mouvement et le moindre bruit lui fait peur. Quant à l'autre, la grise, elle préfère les lieux élevés, les terres labourées, dans les sillons desquelles se trouvent les insectes qu'elle aime.

Cette ondulation du vol, produite par la longueur de la queue (qui forme le sujet d'un article à la fin du présent ouvrage), paralyse beaucoup la rapidité de la course et rend son appréciation très difficile à constater. L'aile de la Bergeronnette serait régulièrement conformée si ce n'était la longueur démesurée des couvertures ou tectrices qui atteignent parfois les pennes externes. Cette anomalie rend l'aile lourde, massive, et, si elle contribue à soutenir le corps en l'air, elle doit en atténuer la vitesse.

Je serais persuadé de provoquer un sourire qui ne serait certes pas en faveur de mes faibles capacités en histoire naturelle, si j'avançais que je ne reconnais, dans ma myopie, que deux espèces de Bergeronnettes : la jaune et la grise. Toutes les autres dérivent de ces deux et ne doivent être considérées que comme des variétés ou des différences d'âge et de sexe.

Pourquoi le Merle blanc, le Moineau blanc, l'Hirondelle blanche, etc., ne forment-ils pas des genres distincts ? C'est qu'il est reconnu que ces variétés albines ne sont que des accidents de nature.

On sait que la civilisation, la domestication poussent les animaux à revêtir peu à peu la livrée blanche. D'abord, ce n'est qu'une partie du manteau; puis, avec le temps, il arrive que les père et mère possèdent une entière blancheur, et alors parfois les reproductions se trouvent être aussi complètement blanches. Le blanc, comme le noir, le gris, le marron, ne sont point couleurs primitives. La nature ne les connaît donc pas et n'a pas pu les appliquer à ses premières créations. Ce n'est que par des mélanges successifs, des croisements centenaires que ces couleurs ont pris naissance. Ainsi, la Bergeronnette grise, bâtarde elle-même, est la mère assurément de la noire ou lugubre, comme la jaune est la mère de la printanière. Différence d'âge et par conséquent de couleur de plumage, qui persiste quelquefois, et se trouve être ainsi transmise aux enfants. Mais est-ce assez suffisant pour créer des genres nouveaux? On sera, croyons-nous, dans le vrai si on les regarde comme des variétés de l'espèce type.

Un vieil observateur naturaliste nous disait que lorsque deux oiseaux sont *identiques* et ne diffèrent entre eux que par des couleurs qui ne sont pas celles du prisme solaire, c'est-à-dire primordiales, cette différence de plumage n'est due qu'à des croisements, et, indubitablement, les deux oiseaux sont frères.

Buffon, ce premier maître des sciences naturelles, qui, à son époque, décrivait souvent un oiseau par ouï-dire, mais dont les observations générales ont encore de nos jours une certaine autorité, s'exprime ainsi à propos des croisements forcés entre les espèces qui paraissent appartenir à la même famille :

« Les oiseaux, dit-il dans le plan de son ouvrage, surtout les plus petits, seront réunis avec les espèces voisines, et présentés ensemble, comme étant à peu près du même naturel et de la même famille; le nombre des affinités, comme celui des variétés, est toujours d'autant plus grand que les espèces sont plus petites. Un Moineau, une Fauvette, ont peut-être chacun vingt fois plus de parents que n'en ont l'Autruche et le Dindon; j'entends par le nombre de parents le nombre des espèces voisines et assez ressemblantes pour pouvoir être] regardées comme des branches collatérales d'une même tige, ou d'une tige si voisine d'une autre qu'on peut leur supposer une souche commune, et présumer que toutes sont originairement issues de cette même souche à laquelle elles tiennent encore par ce grand nombre de ressemblances communes entre elles; et ces espèces voisines ne sont probablement séparées les unes des autres que par les influences du climat, de la nourriture et par la succession du temps qui amène toutes les combinaisons possibles, et met au jour tous les moyens de variété, de perfection, d'altération et de dégénération.

« Ce n'est pas que nous prétendions que chacun de nos articles ne contiendra réellement et exclusivement que les espèces qui ont en effet le degré de parenté dont nous parlons : il faudrait être plus instruit que nous ne le sommes et que nous ne pouvons l'être, sur les effets du mélange des espèces et sur leur produit dans les oiseaux; car, indépendamment des variétés naturelles et accidentelles qui, comme nous l'avons dit, sont plus nombreuses, plus multipliées dans les oiseaux que dans les quadrupèdes, il y a encore une autre cause qui concourt avec ces variétés pour augmenter, en apparence, la quantité des espèces. Les oiseaux sont, en général, plus chauds et plus prolifiques que les animaux quadrupèdes; ils s'unissent plus fréquemment; et lorsqu'ils manquent de femelles de leur espèce, ils se mêlent plus volontiers que les quadrupèdes avec les espèces voisines, et produisent ordinairement des métis féconds, et non pas des mulets stériles : on le voit par les exemples du

Chardonneret, du Tarin et du Serin; les métis qu'ils produisent peuvent, en s'unissant, produire d'autres individus semblables à eux et former par conséquent de nouvelles espèces intermédiaires, et plus ou moins ressemblantes à celles dont elles tirent leur origine. Or, tout ce que nous faisons par art peut se faire, et s'est fait mille et mille fois par la nature; il est donc souvent arrivé des mélanges fortuits et volontaires entre les animaux, et surtout parmi les oiseaux, qui, souvent, faute de leur femelle, se servent du premier mâle qu'ils rencontrent ou du premier oiseau qui se présente: le besoin de s'unir est chez eux d'une nécessité si pressante, que la plupart sont malades et meurent quand on les empêche d'y satisfaire. On voit souvent dans les basses-cours un Coq sevré de Poules se servir d'un autre Coq, d'un Chapon, d'un Dindon, d'un Canard; on voit le Faisan se servir de la Poule; on voit dans les volières le Serin, le Linot rouge et la Linotte commune, se chercher pour s'unir : et qui sait tout ce qui se passe en amour au fond des bois? qui peut nombrer les jouissances illégitimes entre gens d'espèces différentes? qui pourra jamais séparer toutes les branches bâtardes des tiges légitimes, assigner le temps de leur première origine, déterminer, en un mot, tous les effets des puissances de la nature pour la multiplication, toutes ses ressources dans le besoin, tous les suppléments qui en résultent et qu'elle sait employer pour augmenter le nombre des espèces, en remplissant les intervalles qui semblent les séparer? »

Ne voyons-nous pas tous les jours la nature sembler être en contradiction avec elle-même; puis, par suite d'une analogie sérieusement étudiée, trouver qu'elle l'est moins qu'on ne l'avait cru d'abord. Etudier la nature, n'est-ce pas bien souvent chercher à expliquer des phénomènes au dessus des capacités humaines? On dirait même qu'elle se plaît parfois à créer des anomalies bizarres, capricieuses, pour dérouter et mettre à la torture le méthodique observateur.

Un de mes amis possède une chienne qui vient de mettre bas. Un artiste maladroit lui avait, dans son jeune âge, coupé la queue très court, presque à sa naissance. Dans la portée qu'elle vient de mettre au jour se trouve un petit qui est né avec la queue exactement coupée comme la sienne, tandis que celle des autres petits chiens se trouve être dans les proportions ordinaires et naturelles.

LE MARTIN-PÊCHEUR

ET LE GUÊPIER

Dieu a créé la grande famille des Martins-pêcheurs pour le plaisir des yeux seulement. Elle ne fait ni mal ni bien à son prochain, ne cause aucun préjudice à la nature et ne rend aucun service visible à l'humanité.

C'est l'un des oiseaux les plus brillants de notre zone tempérée, qui n'en compte que quelques autres rares échantillons, tels que le Guêpier, par exemple. Mais celui-ci voyage périodiquement et nous vient d'Afrique, sa véritable patrie, tandis que le Martin-pêcheur est sédentaire. Il est probable que lui aussi prend son origine dans l'une de ces régions tropicales et qu'égaré sous notre ciel, à la suite de circonstances inconnues, il se sera fait à notre climat et aura pris possession de nos cours d'eau où, il trouve sans trop de peine une nourriture abondante.

Qui n'a été agréablement surpris de voir filer comme la flèche, en rasant la surface du ruisseau, ce petit Alcyon au manteau bleu d'azur? Peureux et méfiant, il jette au départ un cri aigu qui doit composer tout son vocable. — Il affectionne la solitude et cède la place quand un autre oiseau s'approche de son perchoir. Rarement, même au temps des amours, voit-on deux Martins-pêcheurs ensemble.

Les petits poissons du ruisseau sur le bord duquel il a élu domicile sont sa principale nourriture. — Perché sur une branche morte qui domine le courant, il a la patience du pêcheur à la ligne et reste immobile des heures entières, attendant, la tête basse et le regard fixé sur l'eau, que l'objet de sa convoitise se montre. Alors, promptcomme l'éclair, il fond verticalement sur sa proie, la saisit avec une adresse extraordinaire et l'avale avant même que la victime se soit doutée du danger. Si le poisson est trop gros pour être avalé en entier, il le dépose sur une pierre et le coupe en deux à coups de bec.

Des récentes découvertes dans les îles de l'Océanie et notamment en Australie, ont enrichi nos collections de Martins-pêcheurs merveilleux comme couleurs de plumage. — Quelques-uns unissent à ce costume éclatant deux longues plumes blanches, soyeuses, qui sortent de la queue et leur donnent un air plus gracieux qu'au nôtre. — En effet, si l'on détaille notre joli Martin-pêcheur, on est forcé de lui trouver des formes peu harmonieuses et qui ne cadrent pas avec l'éclat de ses plumes. Grosse tête et gros bec sur un petit corps, presque sans queue, le tout porté par des pieds microscopiques.

On rencontre encore dans quelques maisons de campagne des Martins-pêcheurs desséchés, attachés par un fil au plafond et qui sont là pour prédire, en tournant, les divers changements de la température; cette propriété barométrique, sur laquelle il est inutile de s'appesantir, n'a aujourd'hui que le triste avantage de faire connaître instantanément les capacités intellectuelles des propriétaires de ces Martins-pêcheurs empaillés et pendus au plafond.

Le vol du Martin-pêcheur est rapide et son aile est de taille à lutter victorieusement avec celle de l'Alouette.

A en juger par les quelques secondes d'observation qu'il nous permet, nul doute qu'il ne soit capable de faire son chemin comme les premiers venus de l'ordre dans lequel il est placé. Mais il prend plus de plaisir à pêcher tranquillement sous les frais ombrages que d'aller courir les aventures et les dangers multiples qu'offrent toujours les voyages, quelque précaution que l'on prenne.

Je connais beaucoup de gens sérieux qui partagent cette opinion et qui préfèrent la tranquillité de la campagne au tumulte des villes et des chemins de fer........ Respectons l'opinion du Martin-pêcheur.

Le Guêpier cité plus haut, quoique appartenant au même genre que le Martin-pêcheur, n'a pas du tout les mêmes allures ni les mêmes goûts. Ce bel oiseau au riche costume est passionné pour les voyages. Avouons qu'il a plus de moyens naturels que son confrère pour satisfaire cette passion : ailes et queue longues, corps svelte. Il n'en faut pas davantage pour courir le monde sans fatigue et par conséquent pour y trouver plaisir.

Cinquante lieues à l'heure sont dans les habitudes du Guêpier, et encore ne peut-il tenir longtemps en place. Oiseau privilégié sous tous les rapports, il est de ces heureux de la terre qui ont tout à souhait : nourriture facile en mouches, guêpes, etc., élégance de forme et richesse de costume. Aucun oiseau en Europe ne peut lui être comparé pour la beauté du plumage. Il a le dos roux fauve, le front et le ventre bleu d'azur, la gorge jaune entourée d'une cravate noire.

Il est, de plus, doué d'une constitution robuste, ce qui n'est pas peu de chose pour les voyages, constitution qui se rit de la piqûre des frêlons et des guêpes, qu'il avale presque toujours vivants.

Le Guêpier, connu dans nos contrées méridionales sous le nom de *Séréno*, nous arrive en mai et repasse en septembre ; mais à cette dernière époque, il ne nous fait que de rares et courtes visites.

LES BRÉVIPENNES

Après les favorisés de la fortune, après les coureurs du monde qui ont abusé de tous les dons heureux de la nature ; après les modestes bourgeois qui ont joui pour eux-mêmes des avantages, limités mais convenables, qu'elle leur a octroyés, voici venir les paralytiques, les invalides, réunis dans le même hôpital, c'est-à-dire le même ordre. — Pauvres diables déshérités, qui n'en vivent pas moins, heureux peut-être, dans un milieu approprié à leurs besoins, et qui se contentent de peu comme le sage. Créatures de Dieu qui n'ont de l'oiseau que le manteau emplumé et qui ne peuvent participer comme les autres à ce grand banquet de la vie aérienne. Etres infimes, cloués au sol, attachés à la glèbe comme l'homme, forcés de chercher dans l'eau les plaisirs et les besoins que d'autres trouvent dans l'immensité du ciel. — J'ai nommé les *Brévipennes*, oiseaux dont les ailes courtes, rudimentaires, ne leur permettent pas de voler. Heureusement la famille en est moins nombreuse que celle de ses correspondants parmi les hommes.

Tels sont :

Le Pingouin Brachyptère,
L'Aptenodite ou Manchot,
Les Sphénisques,
Les Gorfous.

Il y a du Faucon au Manchot la différence qui existe entre le baron Rotschild et le mendiant qui tend la seule main qui lui reste à sa porte de la rue Laffite.

Tous les oiseaux, impropres au vol, rachètent cette imperfection par d'autres qualités que ne possèdent pas ou que possèdent très imparfaitement les oiseaux ordinaires. Ils sont d'excellents plongeurs, d'excellents coureurs. Ils sont doués surtout d'une qualité morale qu'ils mettent souvent en pratique, parce qu'ils y sont forcés : c'est la sobriété ou plutôt le jeûne. Un bon repas les soutient plusieurs jours de suite; puis, faisant feu de tout bois, comme on dit, peu leur importe que le poisson soit mort ou vivant, ils saisissent tout ce qu'ils rencontrent de matières animales rejetées par la vague, trop heureux s'ils ne sont point obligés d'aller chercher au fond de l'eau de quoi ne pas mourir de faim.

Les naturalistes se plaignent que ces types deviennent de plus en plus rares, et bientôt, comme cela est arrivé au Dronte et à l'Epiornis, ils auront entièrement disparu. — Je partage cette opinion. Ces oiseaux qui n'en sont pas et qui n'ont sur terre qu'une mission imparfaite, inconnue, sans défense aucune, types ambigus, jetés comme derniers gradins de l'échelle volatile, doivent disparaître avant beaucoup d'autres, parce qu'ils feront moins faute à l'harmonie de la nature.

On sait d'ailleurs que les êtres imparfaits sont peu prolifiques, et si nous en croyons les premiers principes de médecine, la descendance d'un être incomplet ne fait que s'altérer davantage et finit par disparaître plutôt que les autres.

La ponte annuelle de la plupart de ces êtres inférieurs est tout juste d'un œuf qui est le plus souvent la proie de voraces ennemis; ce qui prouve indubitablement que leur existence n'est qu'éphémère et que la nature ne tient pas à eux.

Le Pingouin Brachyptère *(Alca impennis)* a déjà pris les devants. On assure que les mers glaciales de l'hémisphère nord, contrée qu'il habite et d'où il descendait très accidentellement, n'en possèdent plus depuis plusieurs années. Aussi est-il considéré aujourd'hui comme race perdue et passé à l'état d'animal antédiluvien.

Je connais un musée royal qui possédait un exemplaire magnifique d'*Alca impennis*. —Un amateur princier, qui avait le droit de demander, obtint cet exemplaire pour son musée public.— Il fallut le remplacer, et un individu bien inférieur au premier fut payé, après beaucoup de recherches, la somme de trois mille cinq cents francs.

L'Autruche, le Casoar et le Nandou sont peut-être dans des conditions moins malheureuses que ces Manchots. Si les ailes leur manquent, les jambes leur restent, et ils s'en servent de manière à rendre des points aux premiers coureurs venus. — A part cet avantage précieux, comme capacité intellectuelle, tous les oiseaux de cet ordre se valent. Le plus intelligent, qu'il me serait difficile de désigner, est encore pourvu d'une somme de stupidité qui peut lutter avec le plus idiot des autres animaux de la création.

L'Autruche, ce coureur intrépide qu'aucun autre animal ne peut dépasser, arpente avec une agilité incroyable les sables brûlants du désert. C'est le plus gros de nos oiseaux actuels, pesant parfois jusqu'à soixante kilogrammes, susceptible d'être domestiqué et de donner d'excellents résultats, soit par ses œufs, soit par sa chair. S'il vit très bien sous le ciel torride du désert, sa patrie, il a l'air d'être aussi très peu accessible aux rigueurs du froid.

Les Autruches qui, en 1861, se reproduisirent à Marseille avec un si complet succès (éclosion de onze petits), n'entraient jamais, la nuit, dans leur cabane malgré des températures très basses et des froids rigoureux. Ces Autruches, parquées dans une propriété particulière auprès de Marseille, ont constamment couvé leurs œufs. Mâle et femelle se partageaient tour à tour cette laborieuse besogne.

Il paraît qu'il en est autrement au désert ; l'Autruche abandonne, dit-on, ses œufs, laissant à la chaleur du soleil le soin de les faire éclore.

Doit-on ajouter foi entière à cette version, et la différence de température et de milieu entre Marseille et le Sahara, serait-elle assez grande pour opérer ce changement de mœurs chez l'oiseau? C'est ce que je laisse décider à de plus instruits que moi.

Je n'ai parlé que sous le rapport comestible du bénéfice que l'homme recueillerait de la domestication complète de l'Autruche. — Je passe sous silence ce qui, de tout temps a fait sa réputation, les plumes, objet d'un commerce important et donnant lieu de nos jours à un mouvement d'affaires qui se traduit dans l'année par plusieurs millions.

L'Apterix (oiseau sans ailes) qui appartient à la Nouvelle-Zélande, est un peu plus gros qu'une Poule ordinaire, avec un bec dans le genre de celui de la Bécasse : ailes nulles ou à peu près, car elles n'ont aucune protubérance extérieure.

Ce genre, dont on ne connaissait qu'une espèce depuis plusieurs années, vient de s'enrichir de deux autres qui n'ont pourtant entre elles que de médiocres différences, sous le double rapport de la grosseur et du plumage.

Connaît-on assez ces oiseaux qui sont rares, même dans leur patrie, et qui craintifs et sans défense ne sortent que de nuit, pour être assuré que ce ne soit point une simple différence d'âge et de sexe?

Il y a déjà bien assez d'un invalide de cette nature, sans en faire, d'un coup de plume, trois qui n'ont peut-être qu'une seule et même mère.

L'oiseau est donc la plus sérieuse personnification de la rapidité matérielle. Rien, jusqu'à ce jour, ne peut lutter avec lui. Il se rit de tous ces engins prétendus puissants que l'homme a inventés pour se transporter d'un point à un autre. C'est pour lui l'application de la fable du *Lièvre et de la Tortue*, moins le dénouement.

La plus rapide locomotive que nous connaissions est celle qui fait le service des dépêches entre Brooklyn et Greenport, sur le chemin de fer américain de Long-Island, aux Etats-Unis. Elle franchit cette distance, qui est de 156 kilomètres, en deux heures; ce qui donne 19 lieues et demie à l'heure. C'est le plus rapide de tous les moteurs, et il serait, croyons-nous, difficile d'arriver à une vitesse plus grande sans courir la chance de rester en route. Eh bien! la plupart de nos petits oiseaux, les moins favorisés pour la course aérienne, pourraient effectuer ce trajet dans les mêmes conditions, en guise de promenade et de passe-temps.

Le cheval, qui fournit une course soutenue en faisant au trot son kilomètre en deux minutes, acquiert de suite une réputation méritée, et qui est, de nos jours, appréciée avec raison, parce qu'il est à peu près impossible d'exiger davantage. Nous ne parlons pas de ces courses d'hippodrome, simples représentations théâtrales, qui consistent à faire parcourir au cheval quelques kilomètres en une minute; tours de force qui n'apportent avec eux aucun principe progressif, aucun résultat utile; car le cheval, vainqueur ou non, une fois hors de l'enceinte, est incapable de rendre le plus léger service à son propriétaire. Nous comprendrions cette furie anglomane, ces énormes paris pour un cheval vainqueur dans une course de 20 à 30 kilomètres; on serait alors convaincu de la force musculaire et pulmonaire de l'animal. Mais pour un parcours de 4 à 5 kilomètres, qui est la longueur ordinaire de nos champs de course et qui est souvent de moitié trop longue pour les chevaux étiques qui y courent, nous nous sommes souvent demandé quel est le but philanthropique, l'anneau invisible qui relie ce genre de course avec le titre vaniteux d'*amélioration de la race chevaline*. C'est sous le couvert de ces mots pompeux que plusieurs villes ouvrent leur caisse et ne font aucune difficulté de voter des sommes qu'elles avaient refusées pour l'érection d'une fontaine ou de quelque autre monument d'utilité publique.

Le bon trotteur qui fait son kilomètre en deux minutes n'a donc à son avoir que 7 à 8 lieues à l'heure. On voit de suite la distance qui le sépare de l'oiseau.

L'expérience a prouvé que, chez certaines espèces d'oiseaux, le temps du repos journalier est presque nul. Le mouvement incessant, le changement de lieu, sont dans leur essence, et semblent exclure la plus petite fatigue. Leur vol a presque toujours une rapidité uniforme, isochrone. Rarement, à moins de circonstances atmosphériques, l'oiseau ralentit la vélocité de sa course; tandis que le plus souvent, chez les autres animaux, la course est un cas forcé : la fatigue arrive et le repos prolongé est un besoin.

Dans les migrations périodiques, dont le trajet est souvent d'un pôle à l'autre, certaines espèces sont tellement préoccupées d'arriver au but, qu'elles parcourent des distances considérables sans pourvoir à leur nourriture, et la nuit les surprend souvent encore au milieu des airs.

Bien que le changement de température qui s'opère chaque année dans les différentes contrées que certains oiseaux habitent soit l'une des causes de ces excursions de longue haleine, de ces voyages de long cours, on ne peut douter que le besoin et le plaisir de faire agir les ailes, que la soif de courir le monde, ne prennent une grande part dans ces pérégrinations. Aller chercher dans des climats plus chauds la baie ou le ver enfouis dans le Nord par la neige, n'est qu'un prétexte, plausible pour quelques-uns, mais non pour tous; et cependant tous voyagent, se déplacent plus ou moins à un moment donné. Il est certain que beaucoup d'entre eux, à l'heure du départ, trouveraient encore une nourriture abondante sur le sol qu'ils abandonnent avec une joie bruyante, qu'ils ne peuvent dissimuler.

Il est d'ailleurs prouvé que ces détails de conservation ne sont que secondaires ou plutôt sont le prétexte de cette passion périodique des voyages. Cela est tellement vrai, que j'ai observé, aux époques d'émigration, des Pinsons, des Bouvreuils et beaucoup d'autres oiseaux captifs se tourmenter d'une manière alarmante dans leur cage, où rien ne leur manquait ; eux d'ordinaire si paisibles, ils allaient et venaient jour et nuit, se heurtant aux barreaux avec fureur et semblant demander la liberté à tout prix.

On a remarqué que les premiers convois d'émigrants se composaient toujours de vieux mâles ou de vieilles femelles. Quelques jours, souvent quelques semaines plus tard, arrivent les jeunes que le dernier printemps a vus naître, et qui, par conséquent, entreprennent, pour la première fois, leur tour du monde. Quel est donc cet instinct, cette voix intérieure qui trace à ces derniers la route à suivre, le point de réunion qu'ils doivent atteindre, la dernière étape qu'ils ne doivent pas dépasser ?

Ceci nous porte naturellement à consigner le fait inexplicable des Pigeons voyageurs qui arrivent ponctuellement au rendez-vous désigné, filant comme la flèche, *et reconnaissant,* dit Toussenel, *des pays qu'ils n'ont jamais traversés.*

L'Hirondelle, ce modèle parfait de l'amour conjugal, qui vient pendant 8 à 10 ans de suite s'établir dans le même nid, sous le même toit, pourrait, si elle le voulait, effectuer en quelques jours son voyage d'un pôle à l'autre; mais la passion désordonnée du mouvement et la rencontre fortuite d'un pays aérien fécond en moucherons, la poussent à faire cent fois la même route, à recommencer cent fois le même cercle. — Pourquoi, d'ailleurs, se hâterait-elle? Ne sait-elle pas que son nid de l'an passé l'attend sous le toit hospitalier, respecté, vénéré du paysan, qui compte au nombre de ses jours heureux celui de son retour !

Il faut à l'oiseau l'espace et la liberté,

comme il faut au papillon le soleil et la fleur.

L'oiseau a donc reçu du ciel, comme le poisson, la mobilité en partage. Le don de l'aile en est la cause première, le principal, l'unique moteur. Cet appareil inimitable, qui est l'une des perfections les mieux réussies, les plus complètes de la création, doit donc être et sera certainement le point de mire vers lequel doit viser le naturaliste, s'il veut bien connaître, bien étudier et bien classer l'oiseau.

L'aile, ainsi que je l'ai dit, se compose de deux sortes de plumes : 1° les plumes inactives, qui protégent les os de l'aile; 2° les plumes actives, c'est-à-dire celles qui concourent à l'action du vol.

Sur l'aile, une ligne de démarcation entre ces deux genres de plumes existe à un certain point, facilement appréciable pour tout observateur. C'est à ce point qu'est la base de l'angle, principal jalon de la classification alaire.

Il est inutile d'ajouter que nous prenons l'aile fermée et naturellement posée sur le corps de l'oiseau.

Le plus souvent, l'aile possède encore, sous les premières plumes externes, une ou deux et quelquefois trois pennes beaucoup plus courtes, qui sont de même essence que les pennes actives; mais comme elles ne servent qu'à soutenir et renforcer la ou les premières plumes actives, elles ne comptent pas dans le triangle, puisqu'elles restent immobiles et ne s'étalent pas en éventail dans l'action du vol.

La puissance et la rapidité du vol étant en raison directe de la longueur des os de l'avant-bras, nous donnons dans la 5me planche les différents types pris dans chacun des quatre ordres. Les plumes de l'avant-bras et de la main, ou *rémiges*, étant toujours d'une longueur relative, on comprendra facilement le mode de classification qui nous occupe.

TABLEAU SYNOPTIQUE DE LA CLASSIFICATION ALAIRE

Ier ORDRE	FAMILLES :	GENRES :
ACUTIPENNES	PALMIPÈDES...	Frégate, Pétrel, Goëland, Hirondelle de mer, Bec-en-ciseau, Paille-en-queue, Canard, Harle, Albatros, Anhinga, Pélican.
CARACTÈRES : Premières plumes extérieures les plus longues; plumes actives, effilées, formant un angle aigu d'une longueur au moins triple de sa base. Ailes atteignant ou dépassant les trois quarts de la longueur de la queue.	FISSIROSTRES..	Martinet, Hirondelle, Engoulevent, Podarge.
	TROCHILIDÉS..	Colibri.
	RAPACES......	Faucon, Milan, Harpie, Autour, Buzard, Aigle, Vautour.
COURSE : 50 à 80 lieues à l'heure.	PIGEONS......	Pigeon.

IIᵉ ORDRE

—

LONGIPENNES

CARACTÈRES :

Une ou deux premières plumes externes moins longues que les suivantes ; angle encore aigu, mais court, d'une longueur environ double de sa base.

COURSE :

30 à 50 lieues à l'heure.

FAMILLES :	GENRES :
Conirostres..	Etourneau, Cassique, Alouette, Corbeau, Bruant, Moineau, Bec-croisé, Dur-bec, Mésange, Coliou, Piquebœuf, Rollier, Oiseau-de-paradis.
Syndactyles..	Guêpier, Motmot, Martin-pêcheur, Todier, Ceyx.
Grimpeurs....	Coucou, Scithrops, Pic, Jacamar, Torcol, Ani, Barbu, Perroquet, Couroucou, Malcoha, Touraco, Musophage, Toucan.
Turdoïdes....	Loriot, Chocard, Merle, Mainate, Martin, Goulin, Fourmillier.
Dentirostres.	Pie-grièche, Cotinga, Tangara, Philédon, Gobe-mouche, Drongo, Manakin, Eurylaime.
Tenuirostres.	Huppe, Sittelle, Grimpereau, Bec-fin.
Pressirostres.	Pluvier, Vanneau, Combattant, Huîtrier, Tourne-pierre, Court-vite, Outarde.
Rallidés......	Bécasse, Rale, Cincle, Ibis, Glaréole, Jacana, Vaginale.
Échassiers tenuirostres..	Avocette, Échasse.

IIIᵉ ORDRE

—

ALIPENNES

CARACTÈRES :

Aile ouverte ronde; plumes du milieu les plus longues; ailes ne dépassant pas ou dépassant à peine la naissance de la queue.

FAMILLES :	GENRES :
ÉCHASSIERS CULTRIROSTRES	Grue, Héron, Bec-ouvert, Ombrette, Cigogne, Savacou, Jabiru, Spatule, Drome, Tantale, Cariama, Flammant.
STRIGIDÉS.....	Hibou.
BUCÉRIDÉS....	Calao.
MÉGAPODIDÉS..	Mégapode, Kamichi, Hoazin, Lyre.
GALLINACÉS...	Tétras, Tinamou, Faisan, Ganga, Francolin, Pintade, Paon, Alector, Dindon, Coq.
COLYMBIDÉS...	Foulque, Plongeon, Guillemot, Grèbe.

IVe ORDRE — BRÉVIPENNES	FAMILLES :	GENRES :
CARACTÈRES : Ailes très courtes, visiblement trop petites pour soutenir la masse. Rudimentaires, cartilagineuses, écailleuses, nulles. Plumes atrophiées ou sans barbes.	Plongeurs.....	Macareux, Pingouin, Manchot, Sphéniques, Gorfou.
	Coureurs.....	Autruche, Nandou, Casoar, Aptérix.

Pl. 1

CLASSIFICATION ALAIRE

1.er ORDRE — ACUTIPENNES

AILES de :

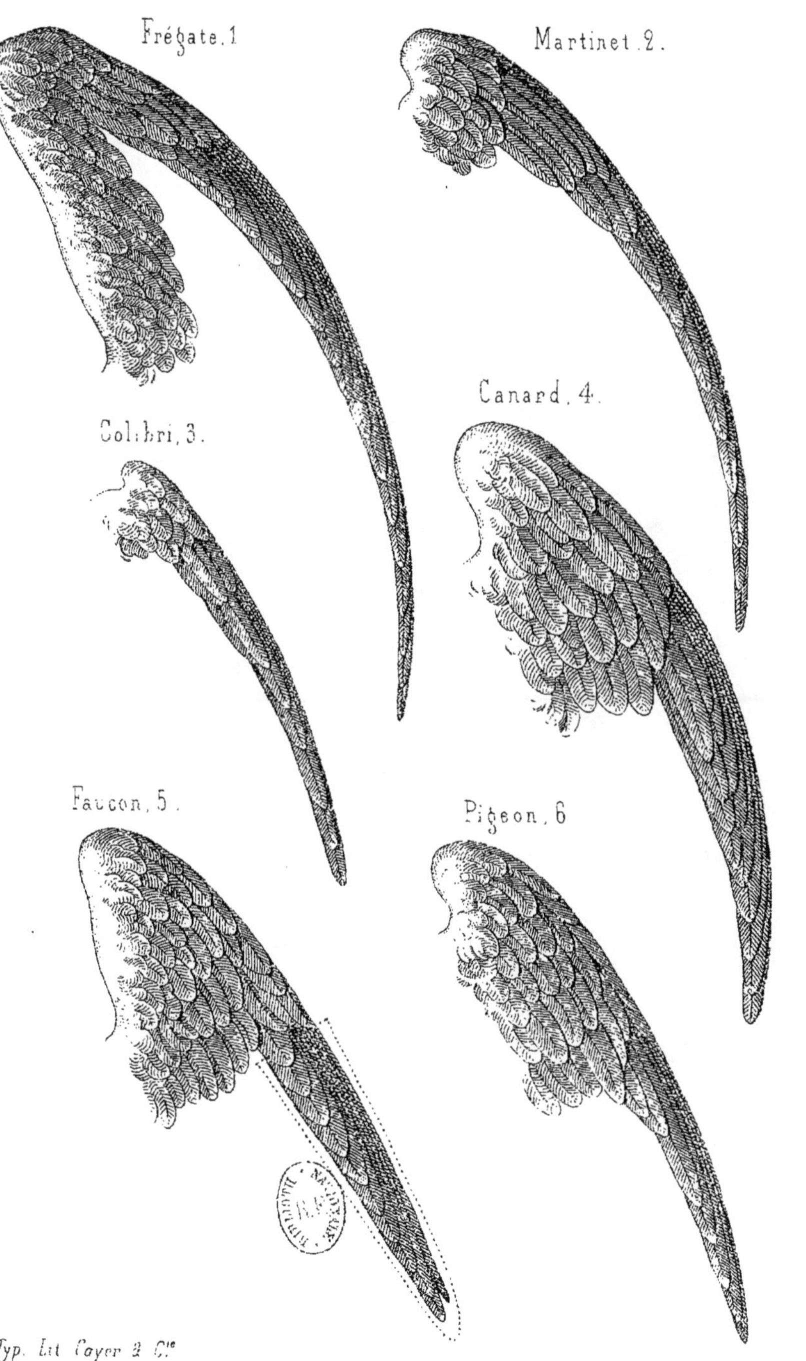

Typ. Lit. Cayer & C.ie

Pl. 2

CLASSIFICATION ALAIRE

2me ORDRE — LONGIPENNES

AILES de :

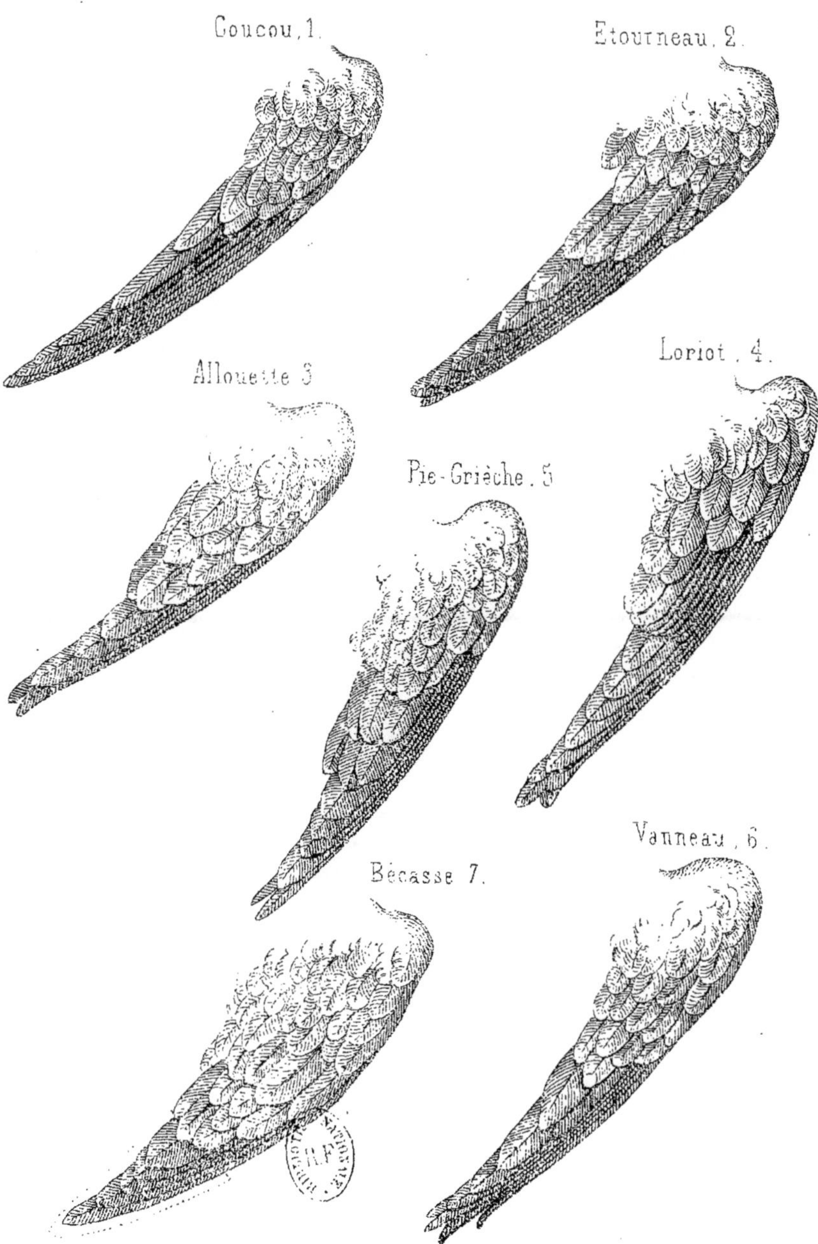

Typ. Lith. Cayer & Cie

CLASSIFICATION ALAIRE

3me ORDRE — ALIPENNES

AILES de :

Grue, 1.

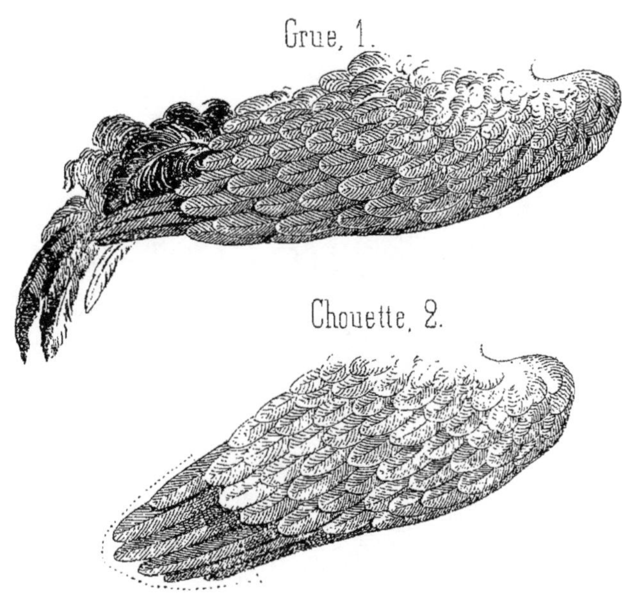

Chouette, 2.

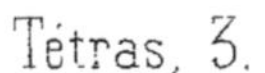

Tétras, 3.

Plongeon, 4.

Typ. Lit. Cayer & Cie

Pl. 4.

CLASSIFICATION ALAIRE

4me ORDRE

BRÉVIPENNES

AILES de

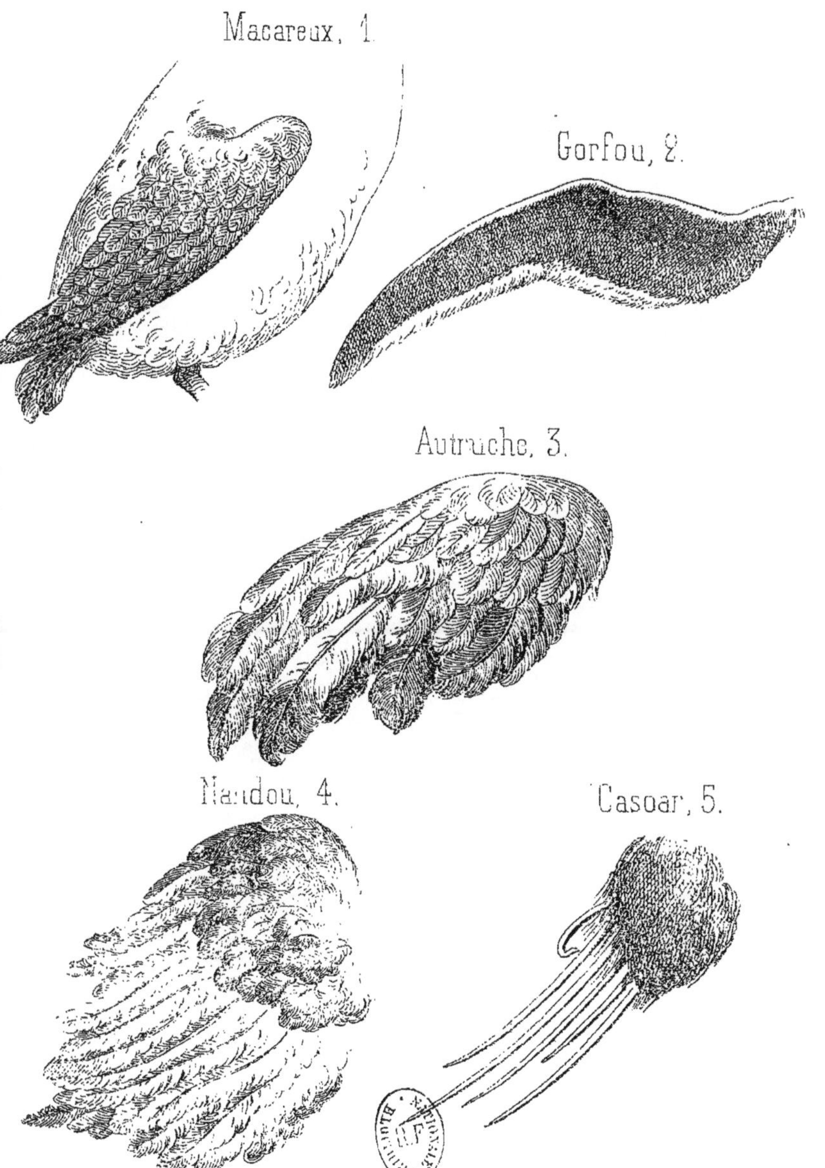

CLASSIFICATION ALAIRE

OS DE L'AILE

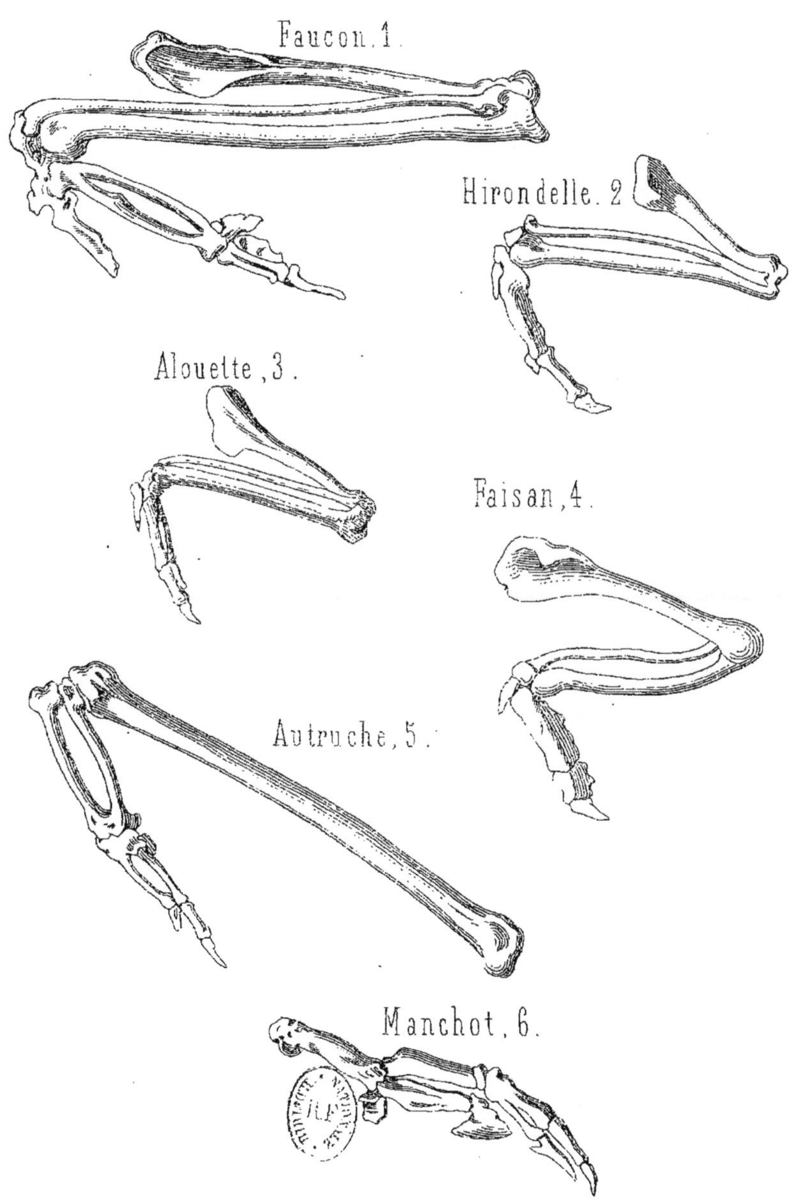

Typ. Lit. Cayer & Cie

ÉTUDES ORNITHOLOGIQUES

QUALITÉS PHYSIQUES ET MORALES

DE L'OISEAU

DE L'INTELLIGENCE

CHEZ

LES OISEAUX

Dieu, en créant le monde des oiseaux, a versé sur eux tous les trésors de la beauté : beauté du plumage, beauté de la voix; mais il a divisé ces dons de manière à ce que chaque espèce eût sa part spéciale et n'a pas voulu qu'un seul individu possédât à la fois ces deux précieuses qualités.

Les Colibris, Oiseaux-mouches, Tangaras, Cotingas, la plupart des oiseaux de la zone tropicale brillent par leur robe étincelante de pierreries, mais sont sans charme dans la voix. Il en est de même de nos oiseaux d'Europe qui sont dotés de quelques vestiges de ces couleurs métalliques, tels que les Martins-pêcheurs, les Guêpiers, les Canards....

Toutes nos Fauvettes, au contraire, les Alouettes, les Merles au modeste manteau, sont des chantres mélodieux, et le Rossignol, bien que quelques auteurs l'accusent de chanter faux, n'en est pas moins pour nous le roi des chanteurs ailés.

Le Chardonneret, par sa jolie petite voix et ses gracieuses couleurs, semblerait être le passage, l'anneau qui lie les deux extrémités de cette chaîne de la nature. Ni trop de l'une ni trop peu de l'autre doivent être la devise de ce charmant granivore.

Puisque nous sommes dans l'ordre nombreux des Passereaux, remarquons, en passant, le saut brusque, la capricieuse antithèse du Merle noir au Merle blanc, du Moineau aux couleurs sombres au Moineau blanc de lait. L'Etre Suprême, dans ses créations, semble avoir parfois voulu rompre la monotonie de toute une espèce homogène en récréant la vue par quelque variété inattendue, quelque type qui frappe. C'est ainsi que, dans l'ordre des Rapaces, nous observons des pieds jaunes chez tous les individus, excepté à un seul : le Faucon Kobez, qui les a rouges et d'un rouge vif.

La grande série des Hérons a les yeux jaunes; le Bihoreau, qui en fait partie, a seul l'iris rouge.

Des particularités semblables existent dans la structure du bec : quoi de plus excentrique que le bec du Flammant, de la Spatule, de l'Avocette, [le seul oiseau du globe, dit Toussenel en parlant de cette dernière, dont la courbure du bec rebrousse vers le front et forme crochet par dessus (1).

A part ces quelques exceptions qui ne font même qu'aiguillonner le naturaliste dans les recherches de l'imprévu, que de perfections dans ces navigateurs de l'air! Il n'y a pas d'être au monde plus complet pour opérer les divers genres de locomotion que Dieu a accordés à ses créatures; car quel autre que l'oiseau possède en même temps les trois facultés de marcher, voler et nager?

Si nous rentrons dans quelques détails intérieurs, nous trouvons que, pour remplir

(1) Pour rendre hommage à la vérité, nous sommes forcé d'avouer que les forêts de la Guyane renferment un Oiseau-mouche dont le bec reproduit la courbure de celui de l'Avocette et qui, par ce fait, porte le nom de Oiseau-mouche Avocette, *Ornismya Avocetta*.

ces conditions, la structure de l'oiseau est faite avec un art infini : ainsi chez les grands voiliers, Aigles, Buses, Faucons, Mouettes, etc., les os sont des tubes qui contiennent de l'air au lieu de moelle pour rendre le volume de la masse plus léger et par conséquent moins fatigant.

Les Cygnes, Plongeons, Grèbes, Macreuses et tous ceux qui passent leur vie sur l'eau (on pourrait presque dire dans l'eau) possèdent des réservoirs intérieurs dans lesquels ils emmagasinent l'air. Ils prennent de cette manière tout le temps convenable pour chercher leur nourriture au fond de l'eau, en dépensant cette provision respiratoire sans être obligés de venir reprendre haleine ou remonter à la surface.

L'appareil visuel de l'oiseau est plus perfectionné que le nôtre et donne des résultats étonnants. N'est-ce pas un fait avéré que cette vue perçante qui caractérise les oiseaux de proie diurnes ! Toussenel conte que le Milan, qui sillonne les airs à des hauteurs inaccessibles à nos débiles yeux, distingue l'imprudent mulot sortant de son trou, fond sur lui et l'enlève avec une dextérité sans égale. Le Martinet, qui plane dans la nue, aperçoit distinctement, dit Bellon, un moucheron à la distance de 500 mètres.

Une autre faculté que possède l'oiseau au plus haut degré est la sensibilité du tact ou plutôt l'impressionnabilité qui lui fait pressentir, d'une manière certaine, les divers changements de la température. Qui de nous n'a remarqué les capricieuses circonvolutions que font nos Goëlands du port à l'approche d'un mauvais temps! Ils quittent alors la grande mer et viennent planer sur notre ville en troupe serrée, sous l'influence d'une agitation inaccoutumée.... N'avons-nous pas tous observé le mutisme complet qui règne tout à coup dans nos jardins où, quelques minutes auparavant, le Pinson, la Fauvette, le Rossignol s'égosillaient à chanter? C'est que, sans que nous puissions nous en apercevoir nous-mêmes, l'atmosphère a changé, l'orage se forme; quelques heures après, nous voyons se réaliser ces prédictions; le ciel se couvre et la pluie n'est pas loin.

Certains oiseaux de Rome n'ont dû la

vénération dont il étaient l'objet qu'à cette impressionnabilité exquise qui leur permettait de prédire l'avenir ; seulement les Romains ont un peu trop exagéré cette faveur accordée à l'oiseau en l'appliquant à des objets métaphysiques, tels que le gain d'une bataille, la réussite d'un projet, etc.

Dieu donc, en accordant à l'oiseau tant de perfections physiques, ne pouvait manquer de lui octroyer une certaine capacité intellectuelle, qui paraît même être beaucoup plus développée que chez les autres animaux et que nous allons apprécier.

La cervelle de l'oiseau, comparée aux autres êtres de grosseur égale, est toujours plus volumineuse; la cervelle d'un Chardonneret équivaut presque à deux cervelles de souris. Si l'intelligence est en raison directe de ce volume, l'oiseau doit être de toutes les bêtes la plus intelligente.

J'appelle intelligence chez l'oiseau quelque chose qui est plus que l'instinct ; cette faculté qui n'est pas la réflexion étudiée et qui est plus qu'un simple mouvement exécuté sans raison.

La défiance de notre Moineau, qui n'ose

plus s'approcher du piége qu'on lui a tendu, ne doit-elle pas être considérée comme un fait intelligent? Remarquons que le piége est invisible, soigneusement recouvert de terre; mais cette terre fraîchement travaillée, malgré la présence du grain qu'il considère d'un œil d'envie, lui fait rebrousser chemin; tandis que nous le voyons se jeter sans aucune hésitation sur les quelques grains épars en dehors du rayon du piége.

L'instinct, ce grand mot dont les philosophes décorent les faits et gestes des êtres que Dieu a placés au second degré de l'échelle animale, est souvent un manteau qui voile des lueurs d'intelligence et qui servirait au besoin à apprécier les capacités intellectuelles de leurs auteurs. Il en est de même de l'instinct de la conservation chez la bête, qui est un fait acquis, mais qui recèle aussi souvent une certaine perspicacité dans l'exécution : le Pinson, le Rossignol mâle qui s'évertuent à chanter sur l'arbre voisin du fruit de leurs amours, pour charmer les ennuis de la couveuse, gardent le plus profond silence lorsqu'ils se trouvent auprès d'elle.

La Perdrix, l'Alouette, qui font leur nid à terre, exposé par conséquent à la rapacité du premier venu, ne s'envolent jamais directement de ce lieu d'incubation ; elles s'éloignent à pas furtifs, et prennent leur vol ensuite pour dépister l'œil de l'ennemi.

Puisque nous en sommes sur les devoirs maternels de l'oiseau, nous aurions de longues pages à écrire sur les soins que donne la Poule à ses poussins. Chacun de ses actes est une marque d'intelligence. Il en est un surtout qui mérite d'être consigné, parce qu'il dénote, si je puis m'exprimer ainsi, un sentiment plus étudié. Tous les animaux vivent pour manger, la plupart de leurs actions tendent à satisfaire cet impérieux besoin. L'animal, maître de sa proie, ne la cède que très difficilement et même livre combat pour la conserver. La Poule, qui trouve un grain ou un ver, le saisit d'abord par instinct et le livre ensuite à ses poussins ; elle fait plus, elle les appelle pour venir partager cette *dépouille* dont elle se prive par excès d'amour maternel.

N'est-ce donc là qu'un simple instinct naturel ? Il s'y trouve quelque chose de plus...

Etudiez la manière de vivre de toute autre mère dont les petits sont en état de manger seuls, et vous ne trouverez pas un pareil désintéressement.

La Perdrix, la Caille ne poussent pas aussi loin leur sollicitude; elles se contentent de veiller sur leur progéniture et de la protéger.

M. Gerbe cite pourtant un fait qui honore et relève la Perdrix :

« La Perdrix, dit-il, voit-elle un ennemi s'avancer sur elle et ses petits, aussitôt elle donne le signal d'alarme, fait disposer et cacher ses nourrissons, *et fuit en boîtant;* par ce moyen elle attire l'attention; en simulant d'être blessée, c'est sur elle qu'on se dirigera; mais lorsqu'elle s'est fait chasser assez longtemps, lorsqu'elle prévoit que ses *poussins* sont à l'abri de tout danger, alors elle prend son essor, disparaît loin des regards qui la poursuivaient, et, de détour en détour, vient rejoindre et ramasser sa petite famille. »

Si nous rentrons dans l'ordre des Rapaces, ne trouvons-nous pas un modèle d'intelligence chez le Faucon, ce fidèle exécuteur des ordres de son maître, ou plutôt de son professeur, qui garde à son profit les captures faites par ce chasseur auxiliaire? Tout l'art de la fauconnerie repose entièrement sur l'intelligence mise en pratique de cet oiseau.

Le furet qui poursuit le lapin pour le saigner et satisfaire son appétit, voilà l'instinct; mais un carnivore comme le Faucon, qui se dessaisit du fruit de sa chasse pour le céder bénévolement, nous donne la mesure de ses capacités intellectuelles. En présence d'un pareil fait, n'est-on pas forcé d'avouer que le Faucon comprend le but des leçons de son maître? Le mot *comprendre* rentre dans la définition de l'intelligence.

L'intelligence que montre le Faucon n'est pas non plus ici un don naturel, comme celui que possède le chien, par exemple, trouvant le gîte du gibier; chez le premier, il y a création d'une faculté; chez le second, c'est un simple perfectionnement. L'un apprend, s'instruit; l'autre développe un don naturel.

L'histoire de l'Hirondelle, cette famille si intéressante, qui vient avec confiance habiter sous notre toit, nous offre aussi plusieurs exemples qu'il n'est pas inutile de citer ici. Voici ce que rapporte M. Dupont de Nemours dans un mémoire lu à l'Institut :

« J'ai vu, dit-il, une Hirondelle qui s'était malheureusement, et je ne sais comment, pris la patte dans le nœud coulant d'une ficelle dont l'autre bout tenait à une gouttière du collége des *Quatre Nations*. Sa force épuisée, elle pendait et criait au bout de la ficelle qu'elle relevait parfois en voulant s'envoler.

« Toutes les Hirondelles du vaste bassin en tre le pont des Tuileries et le pont Neuf s'étaient réunies au nombre de plusieurs milliers; elles faisaient nuage; toutes poussaient le cri d'alarme..... Toutes celles qui étaient à portée vinrent à leur tour, comme à une course de bague, donner en passant un coup de bec à la ficelle. Ces coups, dirigés sur le même point, se succédaient de seconde en seconde et plus promptement encore.....

« Une demi-heure de ce travail fut suffisante pour couper la ficelle et mettre la captive en liberté. »

M. Geoffroy Saint-Hilaire cite un fait analogue dans ses cours d'ornithologie professés au Muséum d'histoire naturelle.

L'Hirondelle est justement posée en première ligne pour l'intelligence comme pour l'affection de la famille; la femelle chérit son mâle, et il n'est pas d'exemple que l'un ou l'autre ait convolé en secondes noces après la pariade. Il est reconnu que si un malheur prive cet heureux couple de l'un d'eux, l'autre vient passer son deuil dans le nid, discret témoin de leurs jours de bonheur, et souvent la somme de chagrin est si grande qu'elle se laisse mourir de faim au bout de quelques jours.

. . . .

Un officier de marine, commandant l'une de nos frégates à vapeur (l'*Eldorado*), a fait dernièrement une expérience que je ne puis m'empêcher de relater ici; il se trouvait, avec son navire, à Alexandrie (Egypte).

Une Hirondelle avait fait son nid dans l'encoignure d'une fenêtre appartenant à un de ses amis intimes, qu'il visitait fréquemment pendant son séjour dans cette ville. Le jour de son départ, le commandant, voulant s'assurer d'une manière précise si ce que l'on disait des vertus conjugales de l'Hirondelle était vrai, prit la couveuse dans son nid et la porta dans une grande cage jusqu'à Toulon, lieu de sa station. Il s'était entendu avec son ami, qui lui promit de ne point perdre le nid de vue.

Arrivé en rade, l'officier lâcha l'Hirondelle, après lui avoir attaché à la patte un petit ruban rouge sur lequel il avait relaté l'heure du départ. Piqué par la curiosité, l'ami resta, le jour dit, en observation à sa fenêtre. Quel ne fut pas son étonnement, après déjeuner, de voir un petit ruban rouge flotter en dehors du nid.

Il s'empressa de délivrer la voyageuse de ce léger fardeau et de la remercier de la nouvelle qu'elle lui apportait de l'heureuse arrivée du paquebot à Toulon. Sur le ruban étaient écrits ces mots : « Jeudi, sept heures du matin. » Comme il n'était pas encore midi, il en conclut que l'Hirondelle avait opéré sa traversée de Toulon à Alexandrie (400 lieues environ) en quatre heures et demie.

Si maintenant nous tenons compte des

divers petits accidents de route, de la différence du méridien, etc., nous trouvons que l'Hirondelle, pour aller retrouver sa famille, a dû faire 72 à 75 lieues à l'heure.

Il y a quelques années, chasseur barbare, comme nous le sommes tous, je tirai une Hirondelle qui tomba assez loin de moi pour désespérer de la trouver ; cependant, une heure après, passant par hasard à l'endroit où je croyais la trouver morte, je cherche mon Hirondelle, et quelle n'est pas ma surprise d'en trouver deux qui se touchaient littéralement. Je vais pour les saisir, mais l'une d'elles ne m'en donne pas le temps; l'autre, blessée à l'aile seulement, ne put échapper à ma convoitise.

A la vue de ce triste tableau, je compris toute l'étendue de mon crime, qui venait de porter la désolation au sein de ces deux êtres, naguères si heureux ; car c'était, sans aucun doute, le mâle qui consolait, faute de mieux, sa compagne par sa présence ; aussi me suis-je bien promis de ne plus tirer aux Hirondelles.

Une remarque à faire chez les oiseaux, c'est que, plus l'individu est petit, plus son intelligence semble être développée. On pourrait dire que l'intelligence de l'oiseau est en raison inverse de son volume ; l'Autruche, le Casoar, l'Oie, le Canard, l'Aigle, le Vautour, etc., qui occupent le premier rang pour les capacités corporelles, sont au dernier sous le rapport intellectuel. Oiseaux uniquement mis au monde pour manger ou être mangés, toute leur vie, tous leurs efforts sont employés à la réalisation de cette destinée.

Sont dans la même catégorie tous nos grands palmipèdes : les Albatros, Pélicans, Mouettes, Goëlands, n'ayant d'adresse que pour capturer leur proie, toujours errant à l'aventure. « Oiseaux inquiets, dit Toussenel, qui, pour trop fréquenter la grève, prennent quelque chose de l'inconstance et de la mobilité de ses flots. »

Les preuves d'intelligence abondent, au contraire, dans la série qui se distingue par sa petite taille.

« Nous avons été témoin nous-même, dit M. Gerbe, d'un fait qui nous a frappé et nous a montré que l'oiseau n'agissait pas toujours instinctivement : nous avons vu qu'un jeune Serin, à qui le hasard, probablement, avait appris que certaine substance, dont on le nourrissait parfois, acquérait plus de *tendreté*, ou peut-être un goût plus agréable, après qu'elle avait été trempée dans l'eau, aller lui-même faire macérer cette substance dans son abreuvoir, avant de s'en nourrir; évidemment cet acte de sa part résultait d'une comparaison ; or, comparer, c'est juger. »

Nous avons vu des Canaris faire l'exercice, tirer le pistolet, obéir à la voix de leur maître et se soumettre à ses capricieuses volontés.

Le Chardonneret mis à la galère, tirant avec peine le seau pour boire et s'industriant pour manger, est pour moi l'emblême du forçat de nos arsenaux, enchaîné et coiffé comme lui du bonnet rouge.

J'ai dit plus haut que les divers actes instinctifs de l'oiseau recélaient parfois des preuves d'intelligence...... Rien de plus naturel, de plus normal que la nidification, l'incubation, l'alimentation des petits et leur éducation; c'est là le chemin tracé, l'habitude routinière de tout ce qui a vie dans la série animale. Mais dans l'accomplissement de ces devoirs il y a des degrés, des lignes de démarcation que certaines espèces d'oiseaux franchissent en nous révélant des qualités supérieures, quelques lueurs de jugement; de même, il en est qui nous montrent des tendances contraires et paraissent être totalement dépourvus de cette faculté. L'Autruche, qui abandonne ses œufs dans le sable du désert, laissant à la chaleur du soleil le soin de les faire éclore, est une grande nullité sous le rapport intellectuel.

Le Coucou, qui dépose furtivement son œuf dans le nid de la Fauvette ou du Rouge-gorge, perdant tout à fait le souvenir de sa progéniture confiée à une nourrice étrangère, est un triste oiseau, vorace, paresseux, ayant relativement peu de cervelle et le globe de l'œil très développé, preuves de stupidité.

(En général, l'oiseau qui ne remplit pas avec assiduité les fonctions maternelles, rachète rarement cette imperfection par quelque qualité recommandable.)

Je suis pourtant bien aise de citer ici un fait qui donne un tout autre caractère à l'opinion que je viens d'émettre.

Il existe en Australie un oiseau, le Talégale, qui ne couve jamais ses œufs, mais qui les place au milieu d'une épaisse couche d'herbes et de feuilles sèches qu'il a soin de bien entasser. Ces divers matériaux ne tardent pas à fermenter et à acquérir par ce moyen un degré de température suffisant pour mener à bien l'éclosion. L'oiseau séjourne dans les taillis qui environnent cette couveuse artificielle, et vient, de temps à autre, inspecter son œuvre qu'il découvre et recouvre très souvent, et cela jusqu'à ce que les petits soient nés.

Quelques naturalistes prétendent qu'il abandonne totalement ses petits une fois nés; mais comme ce fait n'est pas encore bien certifié, il est à peu près sûr que c'est le contraire qui arrive; car si cet oiseau abandonnait ses petits, il ne viendrait pas s'assurer des progrès de l'incubation, et laisserait au hasard, comme l'Autruche, le soin de faire naître et d'élever sa famille.

Le Talégale est d'ailleurs un gallinacé, et il n'y a pas de raison pour qu'il s'écarte de la règle commune et des devoirs maternels qui distinguent à juste titre cet ordre si intéressant.

. . . .

La phrénologie de l'oiseau, comme celle de l'homme, offre des caractères généraux qui sembleraient concourir à former des règles où l'on pourrait trouver certains points de ressemblance avec le système de Gall.

Sans entrer dans de trop longs détails, nous dirons :

Un front déprimé, un bec plat, large, long, plus long que la tête, sont des preuves d'incapacité, de stupidité.

Les Bécasses, Barges, Bécassines, Chevaliers, Hérons, Courlis, Ibis, Spatules, Plongeons, etc., sont d'obscurs voyageurs qui n'ont certainement jamais fait parler d'eux sous le rapport intellectuel.

Il en est de même de l'Autruche, des Canards, Oies, Cygnes, etc., tous oiseaux à bec large et à front déprimé.

L'histoire a pourtant consacré le trait de la Cigogne, de Delft, qui, après s'être inutilement efforcée de sauver ses petits, se laisse brûler avec eux dans l'incendie de cette ville plutôt que de les abandonner.

(Trait sublime, s'il est vrai, que je me suis hâté de consigner comme exception à la règle posée, pour relever l'espèce, qui en a besoin)

Une tête ronde, un bec court, effilé, pointu sont des signes d'intelligence :

Tous nos Becs-durs comme nos Becs-fins, Chardonneret, Pinson, Moineau, Linotte, Serin, Tarin, Roitelet, Fauvette, Rossignol, etc., trahissent par la vivacité de leurs mouvements les faveurs que la nature leur a prodiguées.

Le Dr Chenu, dans son *Encyclopédie d'Histoire naturelle*, dit, en parlant du Bouvreuil : « Le Bouvreuil est très capable d'attachement personnel, et même d'un attachement très fort et très durable. On en a vu d'apprivoisés s'échapper de la volière, vivre en liberté dans les bois pendant l'espace d'une année, et, au bout de ce temps, reconnaître la voix de la personne qui les avait élevés, et revenir à elle pour ne la plus abandonner. Un de ces oiseaux, qui revint à sa maîtresse, après avoir vécu un an dans les bois, avait toutes les plumes chiffonnées et tortillées. La liberté a ses inconvénients, surtout pour un animal dépravé par l'esclavage. On en a vu d'autres qui ayant été forcés de quitter leur premier maître, se sont laissé mourir de regret. Ces oiseaux *se souviennent* fort bien, et quelquefois trop bien, de ce qui leur a nui : un d'eux ayant été jeté par terre, avec sa cage, par des gens de la plus vile populace, n'en parut pas fort incommodé d'abord, mais dans la suite, on s'aperçut qu'il tombait en convulsions toutes les fois qu'il voyait des gens mal vêtus, et il mourut dans un de ces accès, huit mois après le premier événement. »

On m'a garanti l'authenticité d'un fait qui est digne de prendre place ici.

Un Rossignol avait fait son nid dans une haie d'aubépines, sur les bords du Gapeau, tout auprès d'une bastide habitée par le témoin oculaire. — Un jour, notre jeune maraîcher, voulant probablement essayer son adresse, lance une pierre à la femelle au moment où elle sortait du nid et lui casse les deux pattes. Bientôt, déplorant son étourderie, il ramasse la victime et n'osant pas lui donner le coup de grâce, va la replacer sur ses œufs. — Le lendemain, curieux de connaître le résultat de son œuvre, il jette les yeux sur l'aubépine et voit le mâle déposer un vermisseau sur les bords du nid, en face de la pauvre écloppée qui, en proie à ses souffrances, n'avait pas l'air de faire attention à cet acte de tendresse. Le Rossignol exécuta plusieurs fois ce manége; le ver, tout en vie, glissait des bords du nid et était instantanément ramassé par cet époux alarmé, qui s'évertuait à le lui offrir de nouveau. Il allait et venait, descendait, montait, s'arrêtait un instant sur les bords du nid et n'avait plus de repos.

La nuit arriva; mais, à l'encontre de la précédente, point de chant, point de joyeuses roulades. Le lendemain, la couveuse avait succombé. Le mâle, juché tout à côté, se tenait dans une immobilité parfaite, pleurant sa compagne perdue; il faisait, comme on dit, la paume, et certainement on aurait pu le prendre avec la main.

O vous, savants moralistes, grands métaphysiciens, qui avez écrit tant de pages sur la distance qui sépare l'homme de la bête et qui avez tranché la question d'une manière si absolue, croyez-vous que dans ces faits il n'y ait pas quelque chose de plus que l'instinct : l'instinct intelligent, si vous voulez ?

Que se passe-t-il dans le cerveau du Rossignol qui voit, qui reconnaît sa femelle, malade au point de ne pouvoir se mettre en quête de nourriture et qui la lui apporte, la lui met devant le bec, de manière qu'elle *n'ait plus qu'à se baisser pour la prendre ?*

Ce n'est plus ici l'instinct maternel qui pousse la mère à donner la nourriture à ses petits trop faibles encore pour la chercher eux-mêmes. C'est là l'instinct naturel. Mais le cas est bien différent; c'est un être, c'est une bête, qui porte secours à son semblable qu'un accident a rendu impotent. La connaissance de sa situation et de celle de sa compagne ne peut lui être révélée que par le fait d'un raisonnement.

Quoi d étonnant, après tout, que Dieu, dans sa sublime largesse, en accordant à l'homme toute une sphère intellectuelle, ait laissé tomber pour ses créatures bien-aimées quelque bribe, quelque atôme, un infiniment petit de cette étincelle?

Je dis créatures bien-aimées, parce qu'on

aime à voir près de soi ceux qu'on aime, et quel est l'être à qui Dieu a accordé plus qu'à l'oiseau la faculté de venir à lui?

Il est évident pour nous, dit M. Gerbe, que les oiseaux forment des jugements.

Le grand Cuvier a tranché la question d'une manière plus décisive :

« Les oiseaux, dit-il, ne manquent ni de mémoire, ni d intelligence, car ils rêvent. »

Or, Dieu, en dotant l'oiseau de quelques parcelles de ces facultés qu'on appelle mémoire, imagination, intelligence, a certainement voulu le faire bénéficier de ces dons privilégiés en lui fournissant l'occasion de nous en donner des preuves. Il ne l'aurait pas gratifié aussi splendidement, s'il avait voulu ne lui accorder que le résultat de la faculté de sentir, c'est-à-dire l'INSTINCT.

LA VOIX DE L'OISEAU

Parmi tous les dons heureux que possède l'oiseau et que nous avons déjà énumérés en grande partie, celui de la voix doit passer en première ligne. C'est une de ses facultés les plus remarquables, et qui atteint, chez beaucoup d'entre eux, un point de perfection qu'on ne peut nier; car chez les êtres qui composent le second degré de l'échelle animale, la nature n'a accordé la voix modulée ou le chant qu'à l'oiseau. C'est le chant qui nous attache à lui, qui nous le fait aimer; il égaie nos demeures, il charme et réjouit la solitude des bois.

Il est constant que les oiseaux expriment par la voix leurs besoins, leurs sensations. Le son qu'ils émettent n'est souvent pas un chant, ni un cri; c'est un mot, un langage. Certains oiseaux ne chantent pas, mais ils ont un organe agréable.

Ces différences que l'on remarque dans le timbre de la voix, dans la modulation et l'intensité du son, dans le chant, dans le cri de l'oiseau, sont dues à la conformation exceptionnelle de son larynx. Cet appareil, nommé *trachée artère*, est un tube composé d'anneaux cartilagineux, d'une longueur très variable, qui est soudé à l'extrémité supérieure des *bronches* et vient aboutir à une fente ou *glotte* placée sous la base de la langue. Chez l'oiseau, la voix, le chant prennent naissance à la partie inférieure du larynx, qui, dans certaines espèces, est plus ou moins renflée. C'est là que se trouvent l'organe de la voix, les véritables *cordes vocales*. Des muscles, dont le nombre varie selon les qualités euphoniques du chanteur, en se contractant ou se dilatant, produisent ces diverses intonations, et l'air, ainsi comprimé, est chassé de la *trachée* avec plus ou moins de force; ce qui explique les divers degrés d'acuité du son. Plus l'oiseau est fin chanteur, plus l'appareil est compliqué, plus les anneaux qui constituent le tube sont nombreux et flexibles.

Les voix criardes, rauques, sortent d'un gosier dont la *trachée* présente des anneaux rigides, osseux; et les fibres de ce soufflet puissant n'ont plus alors aucune élasticité.

Une autre particularité qui contribue beaucoup à donner à la voix de l'oiseau une force, une intensité de son, et surtout une durée exceptionnelle, c'est d'abord la grandeur presque disproportionnée de ses poumons, et ensuite la présence de nombreux récipients ou sacs remplis d'air que l'on rencontre dans certaines parties du corps. Ces cellules sont non-seulement destinées à renforcer la voix, mais encore à donner, ainsi que nous l'avons dit, plus de légèreté à la masse dans l'action du vol. L'oiseau peut, à son gré, descendre ou monter dans l'atmosphère selon qu'il vide ou remplit ses réservoirs aériens, qui sont en communication avec toutes les parties du corps, même avec l'intérieur des os et des canons de la plume.

Toutes ces considérations font que la voix de l'oiseau est plus forte, plus stridente que celle des autres animaux. L'expérience a démontré que la voix de l'homme et des autres quadrupèdes ne peut être entendue à plus d'une demi-lieue ou deux kilomètres; encore faut-il certaines circonstances locales et atmosphériques. L'oiseau qui chante dans les airs, sans que nos yeux puissent l'apercevoir, nous donne la mesure de la distance qui le sépare de nous. Si la vue ordinaire, pour un objet déterminé, porte à trois mille quatre cents fois son diamètre environ, on peut calculer à quelle hauteur nous entendons la voix de l'oiseau. Ainsi, un Epervier, ayant 0,50 c. de diamètre, disparaîtra à nos yeux à la hauteur de dix-sept cents mètres, et nous entendons parfaitement son cri aigu à cette distance *minimum*.

Si maintenant nous tenons compte des règles physiques sur la propagation du son, nous sommes obligés, d'après les théories de l'acoustique, de doubler cette distance, à cause de la raréfaction de l'air dans le milieu élevé où se trouve l'oiseau. De plus, il est notoire que le son produit par un animal résidant à la surface de la terre sera répercuté et propagé par le sol lui-même. La voix ne remplira donc qu'une demi-sphère, tandis que celle de l'oiseau, au sein des airs, embrasse et remplit la sphère entière.

Tous ces calculs physiques portent à croire que la voix des oiseaux est quatre fois plus forte que celle de l'homme et des autres animaux.

Pendant les nuits calmes et sereines, on entend très distinctement les roulades du Rossignol à plus de deux kilomètres. La voix éclatante du Coq, le sifflement du Merle dans la forêt, le cri plaintif de la Chouette sur les grands arbres, le croassement du Corbeau dans la nue, le bruit *crépitant* des Cigognes, des Grues, des Oies, des Canards qui voyagent en formant dans les hautes régions des triangles mystérieux, hiéroglyphiques, frappent nos oreilles à des distances encore plus considérables. La grande tribu des Hérons, parmi lesquels le Butor surtout, fait retentir les étangs, les plages marécageuses de sons tellement étendus qu'on a peine à croire qu'ils sortent du gosier d'un oiseau.

Ce souffle vibrant, qu'on appelle la voix, est donc porté chez eux à la suprême puissance.

Le langage des oiseaux subit de grandes modifications, qui tiennent à l'influence de la saison, de la localité et du milieu dans lequel ils se trouvent. Relativement surtout aux chanteurs, ces différences sont excessives. Le printemps, alors qu'ils sont en plumage de noces, est la saison de ces accords mélodieux, de ces excès de vocalises qui ravissent et étonnent l'auditeur. Le mâle charme sa femelle par des gazouillements qui se succèdent pendant des jours entiers. Plusieurs oublient l'heure du repas pour ne point interrompre leur chant. Il en est d'autres, moins fanatiques de musique, qui ne chantent que le matin et le soir. Mais tous ces gais refrains, ces joyeuses roulades cessent avec la saison des amours. Alors souvent un simple petit cri monotone remplace, jusqu'au printemps prochain, tous ces harmonieux concerts. Il est bien quelques individus qui prolongent leur chant à des époques autres que celle du printemps, comme l'Ortolan, par exemple, mais le nombre en est très limité.

On ne se douterait guère que ce soit le gosier du Rossignol qui produise, en hiver, ce son rauque, guttural, ressemblant au croassement lointain d'un crapaud. Le Pinson en liberté change sa tirade harmonique par un monosyllabe qui n'a rien d'agréable. Les Merles, Fauvettes, Serins, Rouges-gorges, etc., tous chanteurs émérites, n'ont plus ou très peu de voix pendant neuf mois de l'année. Le cri plaintif de l'Ortolan, qui ne chante plus, jette, au milieu de nos champs de vignes, la tristesse dans l'âme du laboureur. L'Alouette elle-même, cette incarnation du chant, ne verse plus dans les airs ses torrents d'harmonie; elle repose sa voix et ne donne plus que quelques notes sèches et mélancoliques.

Nous avons dit, dans un précédent article, que les oiseaux aux couleurs brillantes n'étaient point des chanteurs. En effet, dans cette immense série d'oiseaux exotiques, à peine peut-on citer quelques espèces qui aient un chant suivi et agréable. On dirait que la civilisation influe sur la voix de l'oiseau. Il est clair que si le Corbeau, le Perroquet, la Perruche, le Sansonnet parlent ou plutôt imitent la parole humaine, c'est grâce à l'influence de l'homme, à la fréquentation et même à l'intimité qui s'établit entre eux et lui.

Il est reconnu que le Perroquet a le plus d'aptitude pour ce genre d'exercice. Le timbre de son organe lui permet de répéter, d'articuler distinctement les mots et les phrases que l'on prononce souvent devant lui. Ce n'est toujours qu'un être inconscient qui est l'écho des divers sons qui le frappent et dont on peut pousser assez l'instruction pour étonner ceux qui l'entendent.

Clusius raconte avoir vu chez le baron de Sainte-Aldegonde « un perroquet qui, chaque fois qu'on l'en priait, riait aux éclats, puis s'écriait avec le ton du plus grand dédain : *Oh! le grand sot qui me fait rire!* Beaucoup de gens entendant cet oiseau pour la première fois s'éloignaient intrigués en pensant qu'il se moquait d'eux, et il ne leur venait point à l'esprit que c'était la répétition machinale d'une scène préparée d'avance.

« Au reste, il n'y a pas besoin de faire grand frais pour préparer de semblables déceptions, et il se trouve toujours assez de gens disposés à se laisser prendre. La réputation des Perroquets est si bien établie, qu'il n'est pas même besoin qu'ils parlent pour qu'on leur suppose des idées et des sentiments analogues aux nôtres, pour qu'on les croie sensibles au ridicule et enclins à railler. J'ai vu, chez un pharmacien de la rue du Bac, un de ces oiseaux mettre une vieille femme fort en colère parce qu'elle supposait qu'il la contrefaisait. Elle était entrée en toussant, et le Perroquet s'était mis à tousser avec les mêmes quintes, les mêmes redoublements; elle faisait des efforts pour cracher, et l'animal semblait arracher avec une peine extrême quelque chose du fond de son gosier. L'imitation était parfaite, mais la scène, qui se prolongeait au grand amusement des spectateurs, faillit se terminer tragiquement, car la vieille femme, furieuse de se voir l'objet de la risée générale, voulut s'en venger sur le pauvre animal, et, si on ne l'eût emporté au plus vite, elle allait lui faire un mauvais parti.

« Il est inutile de faire remarquer que, dans cette circonstance, comme dans tous les cas semblables, l'oiseau est fort innocent des intentions qu'on lui prête.

« Cette facilité d'imitation existe, comme on le sait, non-seulement chez le Perroquet, mais chez beaucoup d'autres oiseaux, quoiqu'en général chez ceux-ci elle n'arrive pas au même degré de perfection. On a prétendu qu'elle appartenait exclusivement aux espèces dont la voix naturelle est désagréable, ou du moins que c'était à ces espèces seulement qu'il avait été donné d'imiter la voix humaine. C'est, en effet, le cas pour les oiseaux à qui on donne le plus communément ce genre d'éducation, mais peut-être est-ce justement à cause que le Geai, la Pie, le Corbeau ont naturellement un langage fort déplaisant qu'on prend la peine de leur en enseigner un autre. Quoi qu'il en soit, ils ne sont pas les seuls qui puissent apprendre à parler : l'Etourneau, qui siffle assez bien, prononce très nettement, et au bout de peu de temps, des phrases entières ; le Serin, un de nos plus agréables chanteurs, peut apprendre à parler aussi bien qu'à répéter les airs.

J'en ai vu un qui n'avait eu pour maître de langue qu'une Perruche, dont la cage était voisine de la sienne, et qui disait tout ce qu'on avait enseigné à sa compagne. Les Rossignols même peuvent prononcer des mots bien articulés.

« C'est probablement pour s'associer à ce qui se p2sse autour d'eux, que des oiseaux privés de la liberté et éloignés de leurs compagnons naturels, apprennent à répéter soit un chant étranger, soit l'air joué sur la serinette, soit les mots prononcés fréquemment devant eux. Ils se résignent difficilement à un isolement complet, et si rien autour d'eux ne peut leur répondre dans leur langue naturelle, ils apprennent la langue de ce qui les entoure. »

Dans l'Amérique septentrionale, au sein des forêts vierges de la Louisiane, se trouve un Merle dont les brillantes mélodies peuvent lutter victorieusement avec celles de nos chantres les plus distingués. C'est une des exceptions qu'on doit, comme nous l'avons dit, mettre à l'avoir des oiseaux exotiques, qui brillent par la beauté du plumage, mais rarement par celle de leur voix. Cet oiseau, dont la robe est d'ailleurs de couleur terne, avec quelques mouchetures semblables à celles de notre Grive, s'appelle le *Moqueur (Turdus Polyglottus).* Il porte à juste titre ce prénom, parce qu'il imite avec une facilité extraordinaire le chant et le cri des autres oiseaux et même des quadrupèdes. Il miaule comme le chat, aboie comme le chien, glapit comme le renard, *houloule* comme le hibou, siffle comme l'Epervier, traduisant enfin avec une fidélité parfaite tous les bruits qu'il entend.

C'est à la saison des amours qu'il semble être le plus affolé de chants. Ce sont alors de véritables cascades musicales, des trilles à perdre haleine; tout cela accompagné de coups d'ailes, de sauts et de voltiges bizarres autour du magnolia où couve la femelle.

Cet oiseau s'apprivoise aisément et sa possession est très enviée. Il n'est pas rare de voir payer aux Etats-Unis un Polyglotte jusqu'à cinq cents francs.

La captivité altère sensiblement la voix de l'oiseau. S'il conserve ses intonations et ses roulades, la note musicale n'a plus cet éclat, cette fraîcheur qui caractérisent le chanteur en pleine liberté. L'émission du son est aussi moins forte, moins vibrante.

L'oiseau, comme tout prisonnier qui a les sens affaiblis par un long régime anormal, perd la conscience de lui-même et des droits de la nature, et se prend à chanter à des époques de l'année tout à fait insolites. C'est ce qui explique le chant, pendant l'hiver, des oiseaux en cage. Si l'on veut avoir un bon *appeau*, on le tient dans l'obscurité à la saison des amours et on le sort au grand jour au moment du passage.

D'après tout ce qui précède, la langue, qui, pour nous, est le principal organe de la parole et de l'articulation des mots, n'exerce aucune influence sur la voix ou le chant de l'oiseau.

Quelques auteurs ont prétendu voir dans sa forme, sa structure, une certaine aptitude pour prononcer les mots, pour parler; se basant probablement sur celle des Perruches, des Perroquets, qui est épaisse et qui a quelque analogie avec la nôtre. C'est une erreur que la seule inspection de la langue des autres oiseaux parleurs détruit incontinent. Elle peut, comme obstacle, modifier l'acuité du son, mais ne change en rien l'intonation de la voix. La langue chez l'oiseau, dont le sens du goût est très limité, presque nul, est un appendice dont nous ne connaissons, jusqu'à ce jour, que très imparfaitement l'utilité.

Ce sont nos plus petits oiseaux qui sont les plus élégants chanteurs. Parmi ceux dont les notes harmonieuses frappent nos oreilles avec le plus de charme, dont les mélodies, les vocalises sont les plus accentuées, les plus longues, les plus ravissantes; dont les modulations sont les plus graduées, les plus variées, on peut citer en première ligne, par rang hiérarchique :

Le Rossignol (*Sylvia Lucinia*) (1).

La Passerinette (*Sylvia hortensis*).

(1) Gueneau de Montbéliard s'exprime ainsi en parlant du chant du Rossignol :

« Coups de gosier éclatants ; batteries vives et légères ; fusées de chant où la netteté est égale à la volubilité; murmure intérieur et sourd qui n'est point appréciable à l'oreille, mais très-propre à augmenter l'éclat des tons appréciables ; roulades précipitées, brillantes et rapides, articulées avec force et même avec une dureté de bon goût ; accents plaintifs, cadencés avec mollesse ; sons filés sans art, mais enflés avec âme ; sons enchanteurs et pénétrants, vrais soupirs d'amour et de volupté, qui semblent sortir du cœur, et font palpiter tous les cœurs. »

Un Allemand (dit Lemaout) a cherché à écrire les

La Tête-Noire (*Sylvia atricapilla*).
La Verderolle (*Sylvia palustris*).
La Bouscarle (*Sylvia Cetti*).
L'Orphée (*Sylvia orphea*).
L'Alouette Cochevis (*Alauda cristata*).
L'Alouette des champs (*Alauda arvensis*).
L'Alouette hausse-col (*Alauda alpestris*).
Le Merle noir (*Turdus merula*).
Le Loriot (*Oriolus Galbula*).

Dans les gros becs, les principaux chanteurs qui ramagent sont :

La Linotte (*Fringilla Cannabina*).
Le Serin des Canaries (*Fring. Canaria*).
Le Chardonneret (*Fringilla Carduelis*).
La Mésange charbonnière (*Parus major*).
Le Pinson ordinaire (*Fringilla Celæbs*).
Le Verdier (*Loxia chloris*).

paroles que prononce cet habile chanteur. Ses premières phrases sont ainsi conçues :

Tiouou, *tiouou*, *tiouou*, *tiouou*, *schpe*, *tiou tokoua*,— *tio*, *tio*, *tio*, *tio*, *tiotia*, —*kououtio*, *kououtio*, *kououtio*, *kououtio*, *kououtio*, etc.

Mais cette pâle traduction, ne rendant fidèlement que les consonnes articulées et ne pouvant reproduire dans tout leur charme les voyelles sonores du Rossignol, est une lettre morte pour quiconque n'a pas entendu l'oiseau.

Les grands oiseaux ne chantent pas. Les Aigles, Vautours, Faucons, Eperviers, Buses, émettent un cri qui peut se traduire, avec plus ou moins d'inflexion aiguë, par le mot *piol*.

Le vocable des oiseaux nocturnes est un *ioû* fréquemment répété.

Les grands oiseaux de rivage et les palmipèdes : Cigognes, Grues, Mouettes, Albatros, Cygnes (1), Oies, Flammants, Canards, ont un cri guttural : *crraa*.

On connaît le joyeux *caquetage* de la Poule qui vient de pondre son œuf.

Le *cara-cas-cascara* de la Perdrix rouge, qui appelle sa couvée dispersée, cause au chasseur qui la guette une certaine émotion.

Les notes criardes du Paon, de la Pintade, du Faisan, ne plaident pas en leur faveur et viennent corroborer, dans notre zone tempérée, la règle générale sur la voix disgracieuse des oiseaux au brillant plumage.

La Caille, qui nous arrive au crépuscule

(1) Le fameux chant du Cygne mourant, dont les poètes ont tant abusé, n'est qu'une fable, une simple fiction inventée pour les besoins de leur cause.

du matin, dans le mois de septembre, ne peut se soustraire à l'appel de son frère captif qui lui fait entendre son chant favori, quelque chose comme un *pouitpouipoui*, *pouitpouipoui* moelleux, velouté.

Le doux *roucoulement* du Pigeon, de la Tourterelle, que le mâle adresse à sa compagne, en renflant sa gorge et baissant la tête comme pour se mettre à sa disposition et l'assurer de son obéissance; enfin, ces mille voix de la créature ailée plongent l'observateur naturaliste dans un océan de réflexions qui toutes remontent vers l'infini de la puissance créatrice.

DE

L'ONDULATION DU VOL

En ornithologie, le vol est cette faculté que possèdent presque tous les oiseaux de se maintenir dans l'atmosphère et de la sillonner au gré de leurs désirs; je dis presque tous, parce qu'il existe quelques espèces auxquelles Dieu n'a pas accordé cette faculté et qui n'ont pour ailes que des rudiments dénudés de plumes (les Manchots). Ces oiseaux palmipèdes rachètent cette précieuse qualité par une autre mieux appropriée à leurs besoins: la natation. Ils passent leur vie sur l'eau et leur fourrure, que l'on décore improprement du nom de plumes, est imperméable au milieu qu'ils habitent. Mais nous n'avons nullement aujourd'hui à nous occuper de ce dernier échelon volatile qui a pour demeure les îles Antarctiques.

Notre tâche est de parvenir, s'il est possible, par l'expérience et de nombreuses remarques faites *ad hoc*, à la connaissance de certaines espèces d'oiseaux, par la manière dont on les voit voler. Nous ne nous occuperons, bien entendu, que de ceux d'Europe, qui viennent nous visiter et qui traversent la France dans leurs migrations à peu près périodiques.

Les départements du Midi sont pour ces voyageurs des points privilégiés : car sur les 360 espèces qui forment environ le contingent méridional, il en est fort peu qui, une année ou l'autre, ne viennent y faire une apparition.

Nous avons dit que la plupart effectuent ces voyages, obéissant à cet impérieux besoin de trouver ailleurs les baies ou les vers que leur refuse le sol natal, ou que la saison enfouit sous la neige, et le reste se trouve poussé par cette soif insatiable de courir le monde, sans but et par pure distraction.

C'est donc pendant l'hiver, et surtout pendant les hivers rigoureux, que l'on peut faire une ample récolte d'observations. Ce n'est pas seulement dans la froide saison que s'effectue le passage; car si certaines espèces frileuses suivent le soleil et s'éloignent de nous avec lui, d'autres (et les palmipèdes sont de ce nombre), à l'abri de leur manteau doublé de duvet, s'en vont chercher les frimas, quand arrivent chez nous les chaleurs.

A tout considérer, ces voyages qui, pour nous, pauvres êtres cloués au sol, demanderaient, calculés même à l'aide de la vapeur, un parcours de plusieurs mois, sont, pour l'oiseau, une promenade d'agrément, une partie de plaisir faite en famille et souvent en nombreuse compagnie, comme les Étourneaux, les Hirondelles, Ramiers, Canards. La Caille, qui voyage toujours de nuit et dont le vol semble si lourd et si pénible, pourrait opérer sa traversée d'un pôle à l'autre en moins d'une semaine. Si l'on observe qu'il est certains oiseaux tels que le Martinet, les oiseaux de proie diurnes, la Frégate, les Hirondelles de mer et de terre qui peuvent faire de 60 à 80 lieues à l'heure, on ne sera plus étonné de la rapidité avec laquelle se font ces déplacements.

M. Gerbe, dans sa notice ornithologique du *Dictionnaire d'histoire naturelle*, raconte qu'un Faucon de Henri II, parti de Fontainebleau à la poursuite d'une Outarde, fut pris le lendemain à Malte.

Il n'est pas rare de tuer, le matin, dans l'étang d'Hyères, des Canards qui ont soupé la veille dans les marais du Zuyderzée ou de la mer du Nord.

On reconnaît facilement un *flot* de Canards à leur vol isochrone et multiplié, tirant droit au vent et suivant une ligne droite, c'est-à-dire sans ondulation (1).

Plus la queue est longue, plus l'ondulation est grande. Ainsi, la Perdrix, la Caille paresseuse, la Grue, dont la symétrique hori-

(1) De nombreuses remarques faites à l'étang des Pesquiers (Hyères) m'ont prouvé que les Canards de passage, compris sous le nom générique de Canards sauvages, y voyaient presque aussi bien la nuit que le jour. Le Col-vert, le Milouin (Basséou), le Pilet (Couguou), le Morillon (Négroun), le Siffleur (Testo-Rousso), etc., etc., qui le plus souvent passent le jour en mer, viennent à la nuit prendre leur repas dans les eaux tranquilles des étangs.

zontalité du vol captive les regards et force à croire au commandement supérieur d'un chef de file, ont le vol rectiligne.

Le Flammant, qui bâtit son nid en forme de cône tronqué dont le sommet effleure la surface de l'eau et qui s'y met à cheval pour couver; les Ibis, les Chevaliers, dont les mâles, à la saison des amours, livrent bataille entre eux devant les femelles demeurant le prix des vainqueurs; les Rales, les Cygnes, les Oies, Grèbes, Macareux; les Bécasses, les Macreuses qui plongent parfois à plus de vingt pieds dans l'eau pour aller prendre leur nourriture; les Canards, Plongeons, Pingouins et toutes les espèces enfin dont la queue est courte, peu apparente, quelquefois même à l'état de simple rudiment (Macreuse, Plongeon, Grèbe) font leur route sans déviation brusque et ne peuvent effectuer ces évolutions capricieuses qui sont le partage des espèces munies de pennes caudales convenablement longues.

Tous les chasseurs n'ont-ils pas observé le vol horizontal du Martin-pêcheur, rasant la surface des ruisseaux et des étangs, filant comme la flèche et se perchant sur le tamarin opposé, à la même hauteur du point de départ.

La queue courte est une cause de ce vol rectiligne.

Si maintenant, comme type contraire, nous prenons la gracieuse Bergeronnette, à la queue aussi longue que le corps, nous la verrons, s'effarouchant au moindre bruit, remonter le lit de nos torrents en vol distinctement ondulé, se poser délicatement sur la crête des cailloux et relever, de peur de la salir, cette partie de sa robe oranger.

Ne voyons-nous pas, à toute heure de nos jours d'hiver, les Mouettes s'exercer dans notre port à *piquer* le poisson imprudent et remonter instantanément au milieu de leur coup d'aile, quand celui-ci a pu se soustraire au danger? (La Mouette n'a pas, comme la Bergeronnette, le vol précisément ondulé; nous en connaîtrons bientôt la raison.) Cette manœuvre ne peut s'effectuer sans le secours de la queue, gouvernail obéissant aux moindres caprices de l'oiseau.

Le Faucon, l'un des despotes de l'air, qui

plane avec une fixité remarquable avant de fondre sur le timide Bec-fin, ne pourrait sans nul doute soutenir cette position, sans s'aider de ses pennes caudales. J'ai observé que les Alouettes jouissaient de cette faculté, mais n'en usaient que rarement et par pur agrément.

Les Rubiettes, les Fauvettes, les Bergeronnettes, les Mésanges, la plupart des Bruants et des Gros-becs, les Pies, les Coucous ont le vol dont l'ondulation est basée sur le plus ou moins de longueur de la queue.

L'Hirondelle, le Martinet, l'Engoulevent, qui passe pendant le crépuscule en septembre, tous ces Chélidons qui font tant de circonvolutions dans l'atmosphère, n'ont pas, malgré la longueur apparente de leur queue, ce genre d'ondulation dont nous parlons, parce que la longueur des pennes alaires atteint et dépasse parfois l'extrémité de la queue. Il paraît que cette longueur neutralise le mouvement ondulé. C'est ce qui explique la nature du vol de certains Rapaces, des Mouettes, des Pétrels, etc., dont les mouvements aériens sont quelquefois si brusques et le changement de route si instantané; ici la queue dont la puissance est paralysée par la longueur des ailes, fait l'office de pivot, de point d'appui pour virer de bord. Il y a même quelque raison de supposer que ces espèces ont besoin d'exécuter de temps à autre ce brusque manége, pour retremper leurs forces épuisées. Nos Goëlands du port n'opèrent jamais leur retraite du soir en ligne droite; c'est par des circonvolutions étagées qu'ils arrivent sur les rochers des îles d'Hyères, pour y passer la nuit.

On m'objectera que le Paon, cet oiseau merveilleux par les couleurs de son manteau éblouissant, n'a pas le vol ondulé, malgré la longueur démesurée de sa queue. L'objection est spécieuse. Ces plumes, dont la beauté irisée captive, ne sont pas des plumes caudales; elles naissent en dessus du croupion et constituent des plumes dorsales. Elles ont besoin de l'appui de la queue pour se maintenir dans la position sphérique qu'étale le Paon pour charmer sa femelle. La véritable queue du Paon se compose de douze plumes d'une couleur roussâtre. Ces dernières sont beaucoup plus adhérentes à l'oiseau que les autres ; et à la fin août, alors que son plumage de noce est tombé, il lui reste pour tout souvenir de sa beauté perdue ces quelques pennes qui, à l'encontre de toutes les autres, n'ont pas le plus petit reflet métallique. Aussi, dans ces jours de tristesse, ne le voit-on plus arpenter majestueusement les allées de nos jardins. Il se tient couché sous l'ombrage, cachant sa déchéance et comme rougissant de sa tête demi-chauve et de sa robe en lambeaux.

Les oiseaux qui ont le vol ondulé n'opèrent pas leurs migrations en courses de longue haleine : ils voltigent d'arbre en arbre et s'élèvent rarement au dessus d'eux. La cause en est due sans doute à la présence du vent, soufflant toujours plus frais dans les hautes régions et qui mettrait obstacle à leur marche. Un autre motif peut bien être encore celui de trouver à chaque petite station un grain, un ver, une fourmi qui entretiennent cet appétit toujours renaissant, parce que la digestion est à peu près instantanée ; car, nous l'avons dit, l'oiseau est de tous les êtres celui qui a le sang le plus chaud.

Cette première raison du vent peut être aussi corroborée par le passage des Ramiers Colombins que nous allons attendre avec l'espoir de les tirer, quand le mistral souffle un peu fort. Ils passent alors plus bas que de coutume, et à la fin d'octobre, lorsque le vent du Nord se fait sentir, on est assuré de trouver le lendemain au marché bon nombre de FAVARS (*Ferus avis,* oiseau, Pigeon sauvage).

En appelant l'attention sur le vol peu élevé des oiseaux ondulateurs, je n'ai voulu parler que de ceux de passage; ceux qui nichent chez nous et qu'on nomme sédentaires, volent haut et pour cause.

On trouverait, je crois, difficilement un de ces oiseaux n'ayant pas essuyé le feu d'une main maladroite, et la peur d'une rencontre fatale les rend très circonspects.

La queue de l'oiseau se compose le plus généralement de douze à quatorze plumes qui demandent une longueur proportionnelle pour provoquer les ondulations dont nous avons parlé. Certains individus, tels que les Rolliers, Coqs, Faisans, Guépiers, etc., possèdent des plumes médianes qui prennent parfois un développement considérable ; mais cette longueur, réservée à quelques pennes de la queue seulement, n'est pas suffisante pour donner l'ondulation au vol. Il faut, pour que ce phénomène se produise d'une manière visible, que toutes ces plumes concourent à soutenir la masse, c'est-à-dire que le développement soit gradué, que la queue soit ce qu'on appelle uniformément étagée, comme chez les Becs-fins et les Pies.

Ces Corvidés offrent un exemple frappant de ce que j'avance ; quand ils sont en plumage de noce et que la queue a acquis cette longueur à reflets métalliques, leur vol est sensiblement ondulé, surtout dans les derniers coups d'ailes qui précèdent le repos.

La saison des amours passée, la queue tombe et le mouvement alaire étant le seul moteur, le vol est rectiligne et sans la plus légère ondulation.

En général, on peut donc admettre en principe que l'ondulation du vol de l'oiseau est en raison directe de la longueur de la queue.

Toulon, juillet.

DE LA

COULEUR DES ŒUFS D'OISEAUX

AU POINT DE VUE COMESTIBLE

L'introduction en France de ces belles races de Poules, telles que les Cochinchinoises, Brama-pootra, etc., qui firent, à l'époque, une certaine sensation parmi les amateurs, date d'une trentaine d'années environ. Les concours régionaux et autres décernèrent des récompenses méritées aux heureux propriétaires de ces types nouveaux, qui ont opéré une véritable révolution dans nos basses-cours. Ce fut et c'est encore un progrès réel pour l'alimentation publique, sous le triple rapport de la grosseur du sujet, de la bonté de sa chair et du volume de ses œufs. Comparés à notre ancienne race gauloise, il est évident qu'ils ont une supériorité incontestable. En effet, nos Poules ordinaires, petites de taille, criardes, ne sont véritablement bonnes et *tendres* qu'à la condition d'être mangées avant qu'elles aient atteint l'âge de la reproduction; tandis que, chez les Poules exotiques, la délicatesse de la chair persiste encore après la première ponte.

Mon intention n'est point d'amoindrir le mérite de nos Poules du Mans, de Crèvecœur, de la Bresse. Mais cet état de graisse succculente est anti-naturel, un cas fictif, forcé, comme celui des Ortolans à l'engrais dans des compartiments de cage qui leur interdisent le plus léger mouvement.

Il en est de même des Chapons, qui, comme tels, ne sont plus qu'une chose vivante; ils sont fatalement voués à la broche dès le moment où on leur a enlevé les moyens de participer au grand acte de la reproduction.

Prenons dans la nature l'oiseau tel que Dieu l'a créé pour la satisfaction de nos besoins physiques, et voyons s'il n'a pas marqué, par des caractères distinctifs, le sujet que nous devons choisir pour notre alimentation de préférence à un autre.

Je me rappelle qu'à l'époque où parurent sur les marchés les œufs de Poules cochinchinoises, Brama-pootra, nos cuisinières n'en voulaient d'aucune façon, parce qu'ils avaient une couleur jaune *roux*. Elles craignaient que ce coloris anormal ne fût le résultat de l'œuf détérioré par le temps; et quand parfois elles en achetaient, ce n'était qu'avec une répugnance extrême.

Je serais tenté de croire que l'espèce de défaveur qui s'est emparée, de nos jours, de ces diverses races exotiques, a son principe dans cette répulsion imméritée de leurs œufs. Cependant, certains œufs de couleur doivent être et sont meilleurs, d'un goût plus fin, que les œufs blancs, parce qu'ils donnent naissance à des produits meilleurs, plus délicats que ceux de ces derniers.

Examinons en détail ce point intéressant à plus d'un titre.

Loin de moi la pensée, avant d'aller plus loin, de jeter le moindre discrédit sur les œufs blancs de nos Poules ordinaires, cette source de grande alimentation populaire et cette ressource unique d'un repas impromptu. Mon but est de démontrer qu'une omelette faite avec des œufs de Faisan, par exemple, doit être plus délicate, d'un goût plus exquis que celle confectionnée avec des œufs de nos Poules, quelque bons et frais qu'ils soient. — Si nous partons de ce grand principe que la nature n'a pas d'antithèses dans ses créations, qu'elle procède par ordre, et que les produits qu'elle fait naître et vivre sont toujours identiques au principe créateur, il ne saurait en être autrement.

Il est reconnu que le Faisan, la Bécasse, le Poulet cochinchinois, la Caille, l'Ortolan, le Cul-blanc, sont des mets délicieux, des rôtis de premier ordre; tandis qu'une Cigogne à la broche, par exemple, des brochettes de Pics ou d'Hirondelles sont des plats détestables. — Nul doute que les œufs de ces diverses espèces ne soient, comme goût, en corrélation intime avec les oiseaux qui les produisent. Les œufs de la Cigogne, du Pic, de l'Hirondelle sont tous d'un blanc pur; ceux, au contraire, du Faisan, de la

Bécasse, du Cochinchinois, de la Caille, de l'Ortolan, du Cul-blanc sont de couleurs variées.

D'ailleurs, pour bien constater le fait, passons en revue les oiseaux les plus estimés par la gastronomie.

Les trois espèces de Faisans les plus répandues aujourd'hui en France sont :

	COULEUR DES ŒUFS.
Le Faisan ordinaire..	bleu verdâtre.
Le Faisan argenté...	roux de brique.
Le Faisan doré......	café au lait.
Poule cochinchinoise	café au lait.
Poule Brama-pootra.	roux vineux.
Tétras gélinote. . . .	roux clair tacheté de brun.
Caille.	jaunâtre tacheté de brun.
Bécasse.	jaunâtre sale tacheté de gris et de brun.
Canard.	gris verdâtre clair.
Perdrix.	gris rougeâtre ponctué de brun.

Voyons la couleur de l'œuf chez les petites espèces, chères aux gourmets.

L'Ortolan . . . . . . gris rougeâtre linéolé de noir.
Le Motteux (Cul-blanc) bleu verdâtre pâle.
Le Bec-figue . . . . . brun verdâtre.
Le Rouge-gorge . . . jaunâtre à raies brunes.
La Grive. . . . . . . bleu verdâtre, avec taches noires.
Le Merle. . . . . . . bleu verdâtre, avec taches brunes.
La Bécassine. . . . . roux tacheté de brun.

Je crois avoir épuisé le répertoire du *Cuisinier modèle* et avoir à peu près dénommé toutes les espèces de gibier aimées du gastronome, et, dans cette nomenclature, je n'ai pas rencontré un œuf blanc.

Chacun sait que la Perdrix grise qu'on tue dans les départements du Nord, notamment aux environs de Paris, est de beaucoup inférieure, comme délicatesse de chair, à notre Perdrix rouge. — Les œufs de la Perdrix grise tournent plus au blanc que ceux de la nôtre.

Le Pigeon, la Tourterelle, qui produisent

des œufs d'un blanc pur, sont des rôtis de troisième ordre.

Le Pic-vert, qui se présente souvent sur nos marchés, ainsi que le Torcol et les Hirondelles, sont encore moins appréciés pour la table et proviennent aussi d'œufs blanc de neige. — L'œuf blanchâtre du grand Engoulevent d'Amérique est considéré comme un purgatif puissant et instantané par les naturels, qui le prennent et le conservent dans ce seul but. L'oiseau lui-même exhale une odeur fétide, qui ferait arriver au même résultat, si on le mangeait.

D'ailleurs, puisque nous avons énuméré les principaux gibiers reconnus comme étant des mets supérieurs à tous les autres, il est inutile, comme preuve contraire, de rechercher la couleur des œufs d'autres oiseaux, travail qui ne servirait qu'à allonger l'article au lieu de l'éclairer.

La diversité dans les nuances des œufs, leur bigarrure, ont été, de tous temps, un sujet d'observations pour le naturaliste. Ces taches, présentant toujours les mêmes caractères de coloris, ont été, comme les plumes, l'objet de recherches scientifiques. —

L'explication est encore un secret de la nature.

Les œufs, chez l'oiseau, se forment dans un ovaire situé au devant de la colonne vertébrale. C'est d'abord une grappe composée d'une multitude d'*ovules* ou matière jaune, qui sont de grosseur différente et qui se développent rapidement. Lorsque ce jaune, appelé *vitellus*, a acquis la grosseur naturelle, il se détache de la grappe et tombe dans un canal nommé *oviducte*, correspondant au cloaque. Dans ce trajet, le jaune s'entoure d'une matière glaireuse, blanchâtre, appelée *albumine;* puis autour de ce blanc se forme bientôt une couche plus résistante, calcaire, qui constitue la coquille. L'œuf formé arrive alors au cloaque, et, se trouvant plus en contact avec l'air extérieur, se sèche et se solidifie; c'est à ce moment qu'apparaissent la couleur, les taches, les lignes, les points, qui sont les caractères de l'espèce (1).

Quelques auteurs anciens ont voulu voir

(1) Nous ne parlons pas du phénomène de la fécondation de l'œuf qui exigerait de trop longs détails et qui s'écarte entièrement du sujet qui nous occupe.

dans la couleur de l'œuf une certaine concordance avec celle du plumage. Inutile de rétorquer cet argument subtil, qui s'effondre à la première comparaison, telle que celle de la Poule noire pondant des œufs blanc de neige.

Espérons que plus tard, bientôt peut-être, lorsque les Faisans et autres oiseaux renommés pour la table auront acquis ce degré de domestication égal à celui de nos Poules de basse-cour, nous trouverons sur nos marchés les œufs de ces diverses espèces.

La couleur, loin d'être un objet de répulsion, sera, au contraire, prisée à sa juste valeur.

En attendant ce jour, que les gourmets de haut titre doivent appeler de tous leurs vœux, contentons-nous, faute de mieux, de nos œufs de Poule, cet accessoire obligé d'un déjeuner d'hôtel, et cette providence de nos cuisinières dans l'embarras.

L'AMOUR CHEZ LES OISEAUX

Si l'amour est un penchant naturel des deux sexes l'un pour l'autre, un sentiment du cœur passionné et durable, les oiseaux aiment dans la vraie acception du mot; tandis que les quadrupèdes ne s'accouplent que pour satisfaire un besoin physique et réciproque. Le mâle délaisse sa femelle sitôt l'acte accompli, sans se soucier des suites de cette union passagère, et souvent il traite en ennemi le nouveau-né qui en est le fruit. Il est prouvé qu'aucun souvenir de parenté ne le rattache à sa progéniture. Hâtons-nous de dire qu'il en est autrement chez la femelle, et, sauf quelques rares exceptions, elle a de l'amour pour ses petits qu'elle allaite et élève avec sollicitude; mais quant au père, elle n'a aucune souvenance de la participation qu'il y a prise. C'est pour elle un étranger qu'elle attaque et repousse avec colère à cause de l'affection jalouse qu'elle concentre sur ses enfants.

D'ailleurs, la presque totalité des quadrupèdes étant polygame, il n'est pas étonnant qu'aucune association physique, qu'aucun lien amoureux n'existe de part et d'autre (1).

Il n'en est pas ainsi chez les oiseaux, surtout dans les petites espèces. Pour ces dernières, le contrat amoureux est une chose sérieuse qui dure jusqu'à la complète éducation des petits. Le mâle partage les soins qu'il faut prodiguer à la famille. Soumis et dévoué, il maigrit souvent sous le poids des soucis qu'elle lui cause.

Cette union est un vrai mariage d'inclination où tous les préliminaires obligés ont été observés.

Quand le jeune amoureux a jeté son dévolu sur une compagne, il lui fait la cour

(1) Faisons une exception en faveur du chevreuil, qui se contente d'une seule femelle, avec laquelle il vit maritalement et qu'il comble d'attentions délicates.

pendant quelques jours. Pour se faire remarquer, il lui adresse mille agaceries, il la poursuit sans cesse de ses galantes assiduités, lesquelles n'ont d'autre but que de la becqueter au passage, et met à ses pieds moucherons et vermisseaux.

Arrive un moment où la femelle, convaincue des sentiments sérieux de son adorateur, lui fait comprendre qu'elle les partage. Oh! alors, le préféré n'a d'yeux que pour sa maîtresse. Arrière tous les soupirants qui viennent imprudemment voltiger autour d'elle. Des combats, quelquefois sanglants, se livrent en présence de la silencieuse spectatrice, qui voit avec plaisir qu'elle peut compter sur son nouveau protecteur.

Mais bientôt la nature parle, la femelle s'abandonne entièrement aux désirs passionnés de son amant. Dès ce jour, tout change; aux plaisirs succède le travail. Pour eux, point de lune de miel.

Une vie de labeur, et l'on pourrait dire de misère, s'ouvre pour les nouveaux époux; car il faut construire le plus tôt possible un nid solide et molletonneux; chercher, sous la feuillée, une place qui le dérobe aux regards indiscrets, ou, mieux, aux regards ennemis.

L'édification de ce berceau, qui va renfermer le fruit de ses amours, est la grande préoccupation du nouveau ménage. Point de repos, point de chansons, jusqu'à ce qu'il soit complètement terminé. Le mâle se charge des gros transports, des grands travaux d'art; la femelle s'occupe des détails de l'intérieur.

Survient la ponte avec ses inquiétudes et ses douleurs. C'est l'époque où le mâle, se reposant sur ses lauriers, fait entendre ses plus joyeuses cavatines pour charmer les ennuis de la couveuse. Il pourvoit souvent à sa nourriture. Dans certaines espèces, il prend quelquefois la place de la couveuse, pour que la chaleur des œufs ne se perde pas; et, s'il joue un rôle secondaire pendant l'incubation, il prend hardiment une grande moitié de la besogne pour nourrir les enfants et rassassier toutes ces petites bouches constamment ouvertes et affamées.

Tant que dure la grande œuvre de leur éducation, les époux n'ont pas l'air de ressentir les atteintes de la passion ; mais si, par un de ces mille accidents dont la fréquence n'est que trop souvent constatée, la couvée est précipitée dans le néant, alors tout recommence, une seconde et même une troisième fois.

Chez les oiseaux libres, l'amour n'a qu'un temps ; mais il revient périodiquement chaque année.

Le printemps fini, avec le froid des saisons arrive le froid du cœur.

Il faut aux oiseaux, comme à la plante, la chaleur du soleil, ce principe de vie et d'amour.

On a dit que l'Hirondelle fuyait nos climats, à l'approche de l'hiver, pour aller chercher, au Sénégal et ailleurs, la même température de nos jours d'été et continuer là-bas le grand œuvre de la reproduction. Sa vie ne serait donc qu'un long épithalame, un amour perpétuel. Le fait est plus que douteux.

Beaucoup d'oiseaux n'entourent pas leur contrat amoureux d'autant de formalités que les petites espèces. Les *Rapaces*, par exemple, n'y mettent pas tant de formes ;

leur nid, d'ailleurs, grossièrement construit, n'éveille aucune idée d'un amour réciproque bien marqué, d'un ménage bien uni. C'est tout simplement un lieu de repos passager pour satisfaire au vœu de la nature et servir à la reproduction de l'espèce. La femelle fait à elle seule tout le travail. Le mâle se contente de veiller sur elle et de la protéger; encore est-il souvent absent du logis. Quand les petits sont nés, il va chasser pour eux et leur apporte le produit de sa chasse. Mais on assure que, chez les grands Rapaces, Aigles, Vautours, lorsque les petits sont en état de se suffire, ils sont non-seulement abandonnés, mais encore maltraités par les père et mère, qui les forcent ainsi à fuir et à quitter la localité qui les a vus naître.

Dans l'ordre des Gallinacés, la plupart des mâles abandonnent leur femelle, une fois leurs désirs assouvis. La Caille, la Perdrix, la Faisane couvent seules. Les mâles ne prennent aucune part aux intérêts de la famille (1). Une circonstance atténuante vient

(1) Ce qui prouve, une fois de plus, que, dans tous les

ici plaider en leur faveur : c'est que les petits, au sortir de l'œuf, se mettent à courir et à chercher eux-mêmes leur nourriture ; ils peuvent se passer de cette sollicitude paternelle, qui est si nécessaire dans les autres espèces (1).

Beaucoup d'Echassiers sont monogames, et sont bons pères et bons époux ; mâle et femelle se partagent alors les devoirs de l'incubation et de l'éducation des petits; chez quelques-uns, le sentiment qui les unit dure souvent des années entières. Les autres, qui sont polygames, rentrent dans la catégorie des Gallinacés et sont assez indifférents sur les suites de leur union amoureuse. Il en est de même chez la plus grande partie des mâles Palmipèdes, qui ne portent qu'un médiocre intérêt à leurs femelles ainsi qu'à leur progéniture. La domesticité a altéré la pureté des mœurs de l'oiseau; mais cette

degrés de l'échelle animale, la femelle a été plus favorablement partagée que le mâle au point de vue des sentiments du cœur et de la famille.

(1) Il en est autrement pour les Pigeons, Tourterelles qui, ainsi que nous l'avons dit, sont des modèles d'amour conjugal et filial.

perturbation dans son genre de vie a tourné au profit de l'homme. En effet, si le Pigeon domestique pond ou couve toute l'année; si nos diverses races de Poules de basse-cour donnent des œufs pendant huit à neuf mois; si d'autres, tels que le Dindon, la Pintade, l'Oie, le Canard, pondent des quantités d'œufs anormales, le régime privé en est certainement la cause.

Les petits oiseaux et ceux de moyenne taille sont plus prolifiques que les grands. A part quelques rares exceptions, telles que les Colibris, Tourterelles, Pigeons, qui ne pondent généralement que deux œufs, le nid renferme toujours quatre à cinq œufs au moins et le plus souvent six à huit. La Caille, la Perdrix grise, rouge, en ont souvent dix-huit.

Les grands oiseaux maritimes ou terrestres dépassent rarement le nombre de deux.

Faisons encore une exception en faveur de ces grands bipèdes qui portent le nom d'oiseau, mais qui ne volent pas. L'Autruche pond douze à quatorze œufs; le Nandou, seize à dix-sept; le Casoar, quatre à cinq.

Chez l'Autruche et quelques Palmipèdes,

l'accouplement s'opère comme dans les quadrupèdes. Le mâle possède une véritable verge fourchue et il y a intromission réelle. Chez d'autres, c'est une forte compression par la juxtaposition des anus; dans les petites espèces, c'est un simple attouchement. Chez tous, une seconde suffit pour la procréation (1).

Sur notre globe, tous les êtres sont liés entre eux d'une manière intime.

Cette admirable balance de la nature serait compromise si quelques-uns venaient soudainement à disparaître. La destruction complète d'un seul causerait, par ricochet, l'anéantissement d'une foule d'autres. Mais le Créateur a prévu le cas, et il a donné aux animaux une force de génération, de propagation, qui jette un grand doute sur la foi des prédictions annonçant la fin du monde dans un avenir plus ou moins prochain.

Les animaux, ainsi que l'homme, doivent

(1) On sait qu'un Coq adulte peut, dans un jour, cocher dix à douze Poules, et par un seul acte, féconder une vingtaine d'œufs de chacune d'elles. Il pourrait donc, dans une journée, devenir le père de plus de deux cents poussins.

être compris dans ce cataclysme universel; car l'existence d'un grand nombre d'entre eux est subordonnée à celle de l'espèce humaine.

On ne peut nier, en effet, que beaucoup d'oiseaux, par exemple, trouveraient difficilement à vivre et par conséquent à se reproduire sans le secours physique de l'homme, qui leur donne indirectement les grains, les fruits et autres aliments nécessaires à leur subsistance.

Par la même raison, la race humaine s'éteindrait si elle n'avait plus à son service ces mille et un auxiliaires qu'il sacrifie souvent à ses besoins pour prolonger sa vitalité.

La Providence a paré à toutes ces éventualités en plaçant toujours en réserve dans divers coins du globe des types reproducteurs qui ont mission de perpétuer les diverses races. Elle leur a inoculé ce sens qui commande à tous les autres : cette propension, ce besoin de s'unir, qu'on appelle l'amour.

DE

LA FASCINATION DU SERPENT

SUR L'OISEAU

Il existe une croyance populaire qui s'est transmise jusqu'à nous, sans avoir perdu, en traversant les âges, un atôme de sa force et de son élément vivifiant. — Bon nombre de personnes sérieuses citent encore le fait de la fascination du serpent, comme étant authentique; et les preuves contraires les plus concluantes, les arguments les plus positifs, ne sauraient apporter la plus légère modification à ces idées préconçues depuis si longtemps.

Les croyances populaires, vraies ou fausses, se perpétuent sans motif. Elles se transmettent, intactes, de père en fils, de génération en génération.

On dit que le serpent a le don de fasciner l'oiseau ; il le charme par le regard, l'attire par son haleine, de telle sorte que la victime est infailliblement et fatalement dévorée, en venant tomber d'elle-même dans la gueule affamée du reptile.

Le Pinson, le Loriot, la Fauvette surtout, fussent-ils à la cime la plus élevée de l'arbre, sont entraînés de force par ce pouvoir magique. Ils perdent du terrain à chaque mouvement, descendent involontairement d'une branche à l'autre, et viennent, peu à peu, se livrer à la merci de leur implacable ennemi.

Il est très difficile, dans un pays comme le nôtre, où le serpent n'abonde point, d'observer les manœuvres et surtout les moyens qu'il emploie pour capturer une proie qu'il ne peut atteindre le plus souvent que par surprise.

L'Amérique, l'Asie, l'Afrique sont la patrie des nombreuses espèces de serpents, et c'est là que le naturaliste observateur pourrait faire avec succès des expériences concluantes sur le point plus que douteux qui nous occupe.

Tout porte à croire, en effet, que le serpent ne possède nullement ce pouvoir magique, ce fluide merveilleux.

L'effroi, la terreur, est le seul mobile qui s'empare de l'oiseau aux prises avec le reptile. Pour tous les animaux de la création, l'homme compris, le serpent est un objet d'effroi; c'est un animal d'un aspect repoussant, d'une structure et d'une organisation anormales, à sang froid; il marche, il court, il saute d'une façon insolite. Il n'est donc pas étonnant que la frayeur s'empare du pauvre oiseau surpris par cet être à tous les autres antipathique.

Il est aussi une cause qui met souvent aux prises l'oiseau avec le serpent. Ce dernier est très friand d'œufs et d'oisillons nouvellement éclos. C'est son mets de prédilection, et, quand il aperçoit un nid, tous ses appétits de gourmet se réveillent. Mais souvent, pour ne pas dire toujours, il trouve à qui parler. La mère est là qui soigne l'incubation et l'éducation des petits, et alors aucun danger ne lui fait peur; rien n'est capable de la faire fuir. Pour défendre sa progéniture, elle brave le serpent, on peut dire, jusqu'à la mort. Elle le harcèle à coups de bec, le provoque, le fatigue de ses cris et de ses attaques simulées, et soutient le choc jusqu'à la dernière extrémité.

On a vu chez nous des couleuvres être obligées d'abandonner la partie; mais le plus souvent, comme partout ailleurs, la victoire reste au plus fort, et mère et petits sont dévorés.

C'est ce combat à distance, combat prolongé, acharné, qui aura donné lieu à cette idée de fascination du serpent sur l'oiseau.

On sait que l'amour maternel est poussé à un tel degré chez l'oiseau, qu'il n'est pas d'exemple qu'une mère, dans des circonstances ordinaires, ait abandonné volontairement ses petits; à plus forte raison lorsque quelque péril les menace. Elle perd alors le sentiment de son propre danger et oppose à l'ennemi, quel qu'il soit, une résistance tellement vive qu'elle la paie presque toujours de sa vie.

Le serpent, au contraire, est lâche de sa nature, paresseux à l'excès, n'attaquant jamais plus fort que lui, et ne changeant de résidence que pour chercher à satisfaire l'impérieux besoin de la faim. A l'encontre de certains autres animaux, un bon repas lui suffit pour longtemps; c'est qu'il s'en met, comme on dit vulgairement, jusqu'à la gorge, et se bourre à un tel point qu'il lui faut un mois entier pour faire sa digestion.

L'extrême dilatabilité de la gueule et l'absence du sternum donnent au serpent la faculté d'engloutir des proies très volumineuses et dont le diamètre surpasse de beaucoup celui de son propre corps.

On peut donc, croyons-nous, hardiment avancer qu'il n'existe pas d'influence magnétique exercée sur l'oiseau par le serpent. L'instinct de sa propre conservation, et, plus encore, de celle de ses petits, pousse l'oiseau à soutenir un combat opiniâtre contre un animal qu'il abhorre déjà par une sorte d'intuition naturelle.

UNE PATTE DE MOUCHE

Dieu est impénétrable dans ses desseins comme dans ses créations : tout ce qu'il a fait est bien fait. C'est un axiome vieux comme le monde, mais dont nous sommes forcés de reconnaître à chaque pas la profonde vérité. Dans le grand système de la nature, chaque être, petit ou grand, a sa place marquée et occupe un anneau, invisible mais réel, de cette immense chaîne qui commence par l'homme et se termine par le ver de terre. Détruisez, faites disparaître par une cause quelconque un de ces êtres qui semblent inutilement créés, la chaîne est rompue et l'équilibre du monde est compromis.

Que d'animaux sur la terre dont on cherche l'extermination de l'espèce et qu'on ne détruira jamais parce qu'ils sont nécessaires à cette admirable balance qu'on appelle l'harmonie de la nature.

La punaise et la puce, le pou et le scorpion ont leur raison d'être. L'Aigle et le Faucon, ces rois des airs, mourraient souvent de faim si le rat, le mulot n'existaient pas.

On connaîtra plus tard la nécessité d'existence de la grande famille des araignées, qui font aujourd'hui le désespoir de la gent domestique.

Et les moustiques, les moucherons, les mouches, contre lesquels nous formulons, l'été, tant d'imprécations, n'ayons garde d'inventer un moyen de les faire disparaître du globe. Leur disparition causerait indubitablement un cataclysme sur notre planète.

Le croirait-on ? sans la mouche, le moucheron, le grand empire chinois serait sinon anéanti, du moins profondément ébranlé. Le Chinois aurait dépéri à vue d'œil s'il avait été privé d'un plat qui forme la base nutritive des citoyens du Céleste-Empire. Point de bons repas à Pékin et ailleurs sans ce mets de prédilection.

Il y a, l'été, dans le sud del'Asie et principalement dans l'archipel des Indes, des nuages effrayants de moustiques, mouches, moucherons; aussi l'Hirondelle, qui en est très friande, se trouve-t-elle en grande abondance dans ces parages. Il est surtout une espèce appelée *Salangane*, fréquentant plus particulièrement les îles de Java, Sumatra, qui fait à ces insectes une chasse incessante. Elle s'installe, pour ce motif, pendant de longs mois dans le pays, en fait sa terre d'élection et y construit son nid. C'est ce nid fabriqué avec une certaine algue sucrée ou varech, appelée *gelidium* et dégorgée par l'oiseau, qui est le mets obligé des tables chinoises. Ce nid ressemble à une coquille d'huître, demi-transparente, vitreuse, d'une couleur jaunâtre, et se ramollit à l'eau chaude au point de former un consommé gélatineux, nutritif et réconfortant, qui pourrait dignement faire concurrence à nos potages au tapioca.

En Chine, un repas sans nid de Salangane n'est pas avouable. Il serait en contradiction avec les plus simples principes de l'art culinaire en vigueur dans le Céleste-Empire, comme chez nous un dîner officiel sans rôti. — Tous les *Vatel* de la Chine se croiraient déshonorés s'ils n'avaient dans la composition de leur menu ces petits pâtés excentriques qu'ils font dissoudre et qui forment ainsi la base d'un dîner entre gens comme il faut.

Rien ne coûte pour avoir ou se procurer ce bouillon exquis, qui est devenu l'objet d'un commerce très important. On a calculé qu'il se mange annuellement en Chine plus de 400,000 nids de Salangane, valant en moyenne une somme de plus de douze millions.

Eh bien ! détruisez le moucheron et la mouche, adieu l'Hirondelle, adieu les nids, adieu le consommé, adieu peut-être l'Empire chinois (1).

(1) On fait chaque année trois récoltes de ces nids, et leur construction coûte deux mois de travail à chaque couple d'Hirondelles.

TABLE

TABLE DES MATIÈRES

QUALITÉS PHYSIQUES ET MORALES
DE L'OISEAU.

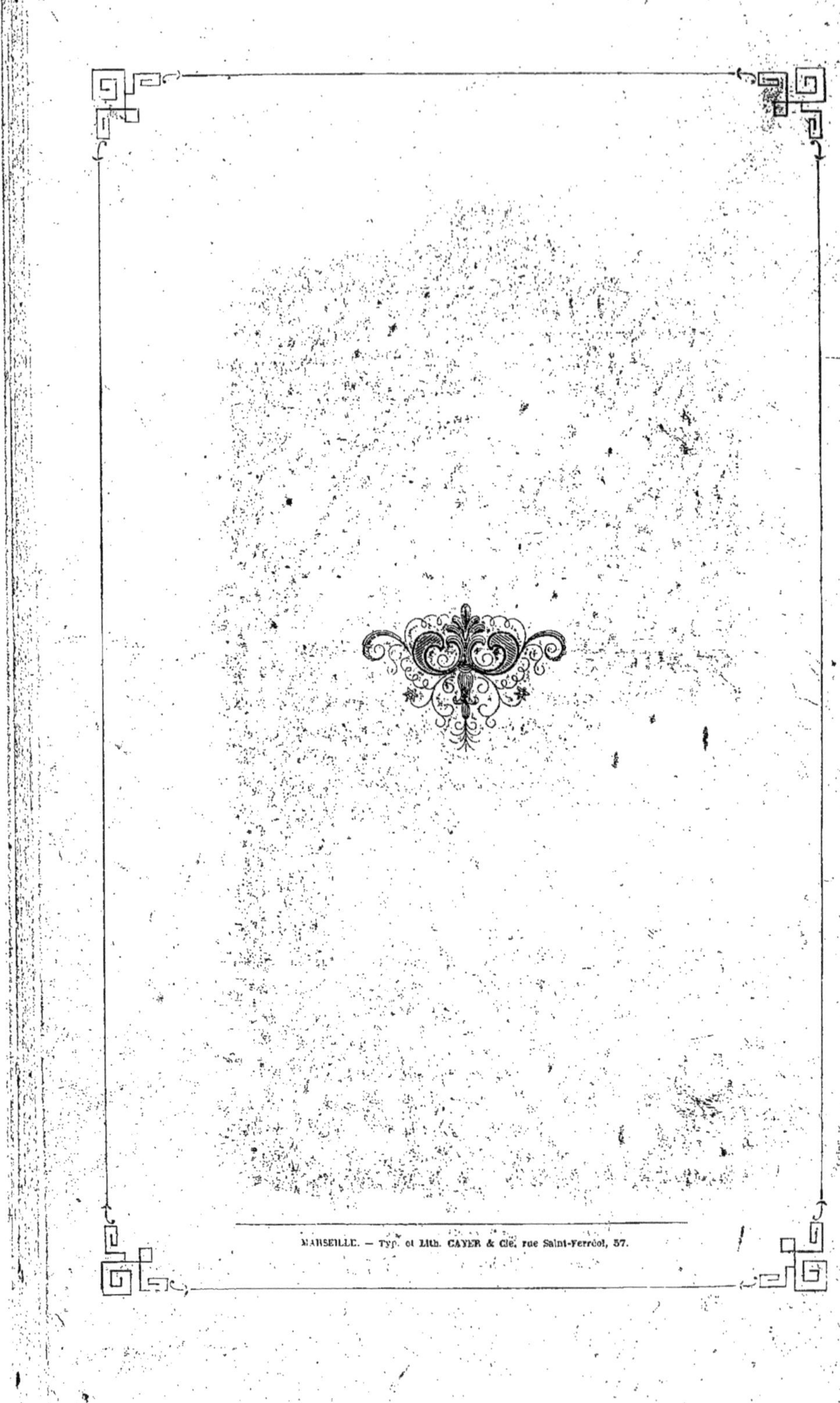

MARSEILLE. — Typ. et Lith. CAYER & Cie, rue Saint-Ferréol, 57.